蔬菜识别及食用知识

曹之富/主编

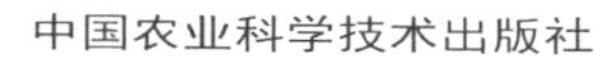

中国农业科学技术出版社

图书在版编目（CIP）数据

蔬菜识别及食用知识 / 曹之富主编. —北京：中国农业科学技术出版社，2019. 11

ISBN 978-7-5116-4482-4

Ⅰ. ①蔬… Ⅱ. ①曹… Ⅲ. ①蔬菜—基本知识 Ⅳ. ①S63

中国版本图书馆 CIP 数据核字（2019）第 239048 号

责任编辑 崔改泵
责任校对 马广洋

出 版 者 中国农业科学技术出版社
北京市中关村南大街12号 邮编：100081
电　　话 （010）82109708（编辑室）（010）82109702（发行部）
（010）82109709（读者服务部）
传　　真 （010）82106650
网　　址 http: // www.castp.cn
经 销 者 各地新华书店
印 刷 者 北京建宏印刷有限公司
开　　本 880mm × 1 230mm 1/32
印　　张 6.625
字　　数 173千字
版　　次 2019年11月第1版 2020年 7 月第2次印刷
定　　价 50.00元

《蔬菜识别及食用知识》

编 委 会

主 编：曹之富

编 者：徐 娜（北京市农业技术推广站）
曹彩红（北京市农业技术推广站）
韦美嫚（北京市小汤山地区地热开发公司）
曹玲玲（北京市农业技术推广站）
李红岑（北京市农业技术推广站）
钱朝华（北京市怀柔区种植业服务中心）
王 帅（北京市农业技术推广站）
聂 青（北京市农业技术推广站）
曾建波（北京市农业技术推广站）

图 片：曹之富 曹玲玲 李红岑 韦美嫚 王 帅
王铁臣 曾建波 王忠义 宗 静 商 磊

审 稿：张宝海

preface 前　言

蔬菜是人们日常生活中必不可少的副食品，可提供人体所必需的多种维生素和矿物质等营养物质，对人体健康起着不可替代的作用。

中国是世界蔬菜生产和消费第一大国，生产面积达2 000多万公顷，年产量超过8亿吨，不仅生产种类较多，而且品种资源丰富。20世纪80年代以来，随着改革开放的深入，大量蔬菜品种引入我国，促进了蔬菜生产的发展，满足了人们日益增长的需要。

由于我国幅员辽阔，人口众多，不同地域、不同民族的生活习惯、饮食习惯不同，对蔬菜的需求不同，对同种蔬菜的称谓也有很大差别，因此收集整理出一套图文并茂的蔬菜图集和食用方法，对广大读者认识和食用蔬菜具有重要的参考意义。

本书收集了29个科的118种蔬菜，其中单子叶植物种纲2个科12种蔬菜、双子叶植物纲27个科105种蔬菜，同时包括具有保健作用的蔬菜65种。为方便读者对蔬菜的认知，在编辑过程中按照蔬菜分类名称、学名、别名对每一种蔬菜进行说明，另外通过对蔬菜起源、栽培环境、营养成分、食用方法等的介绍，使读者对其有更感性的了解。

本书编写过程中，得到了中国农业大学、北京农学院、北京农业职业学院、中国医学科学院药用植物研究所的多位同仁及老师的大力支持，北京市农林科学院蔬菜研究中心张宝海老师对书稿进行了审阅，在此表示由衷感谢，并对书中所采用的文献作者和出版单位一并致谢。

由于编辑出版时间所限，书中难免有缺点和不足，诚望得到读者及各界人士的批评指正。

编　者

2019年8月

Directory 目　录

一、单子叶植物纲

（一）百合科

1. 韭

学名： *Allium tuberosum* Rottl.

别名： 韭菜、起阳草、懒人菜、穿肠草、草钟乳等

生长周期： 多年生宿根草本植物

类型： 按食用部分可分为根韭、叶韭、花韭、叶花兼用韭4种类型。

起源： 原产亚洲东南部

栽培环境： 韭菜喜冷凉，耐寒耐热，种子发芽适温为12℃以上，生长温度15～23℃，地下部能耐较低温度，土壤湿度为田间最大持水量的80%～90%，对土壤质地适应性强，需肥量大，耐肥能力强。一般春季育苗，夏秋季定植，翌年春收割，或秋季育苗，翌年春定植，秋季收割。叶用韭菜冬季生产经过低温或不同覆盖物处理可以生产出五色韭菜，俗称“野鸡脖子”。

食用价值及方法：韭菜的主要营养成分有维生素C、维生素B_1、维生素B_2、尼克酸、胡萝卜素、碳水化合物及矿物质。韭菜还含有丰富的纤维素，可以促进肠道蠕动、预防大肠癌的发生，同时又能减少对胆固醇的吸收，起到预防和治疗动脉硬化、冠心病等疾病的作用。一般炒食。

2. 洋葱

学名： *Allium cepa* L.

别名： 球葱、圆葱、玉葱、葱头、荷兰葱、皮牙子等

生育周期： 葱属二年生草本植物

类型： 按照鳞茎的形状分为扁球形、圆球形、卵圆形及纺锤形，按葱皮颜色分为红皮、黄皮、白皮、紫皮。

起源： 原产于中亚、西亚

栽培环境： 洋葱属于耐寒性蔬菜，对温度的适应性较强，生长适温幼苗为12～20℃，叶片为18～20℃，鳞茎为20～26℃，属长日照作物，以肥沃疏松、通气性好的中性壤土为宜，施用铜、硼、硫等微量元素有显著增产作用。

食用价值及方法： 洋葱营养丰富，含有前列腺素A，能降低外周血管阻力，降低血黏度，可用于降低血压、提神醒脑、缓解压力、预防感冒。此外，洋葱还能清除体内氧自由基，具有增强新陈代谢能力、抗衰老、预防骨质疏松的作用，是适合中老年人的保健食物。可鲜食、炒食。

3. 大葱

学名： *Allium fistulosum* L. var. *giganteum* Makion

别名： 青葱、木葱、汉葱

生育周期： 多年生草本植物

类型： 按形状分为普通大葱、分葱、胡葱和楼葱

起源： 原产于西伯利亚及中国。在我国遍及南北各地。

栽培环境： 对温度的适应范围较广，喜冷凉不耐炎热，在适宜的条件下，可获得较好的产量和质量。适宜大葱生长的温度范围为13～25℃，也能忍耐45℃的高温。

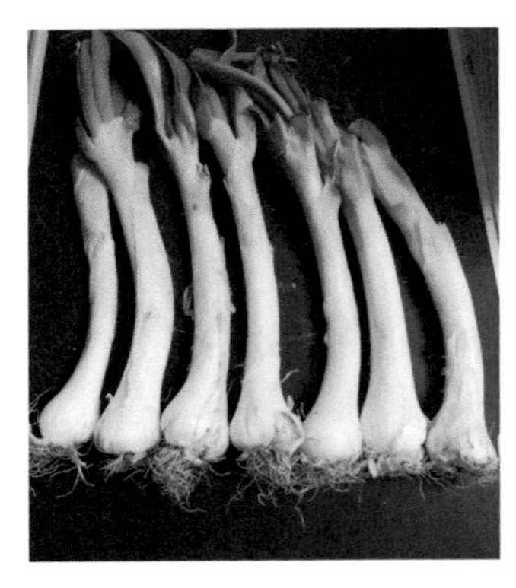

鸡腿葱

食用价值及方法： 大葱味辛，性微温，含有挥发油，油中主要成分为蒜素，又含有二烯内基硫醚、草酸钙等。具有发表通阳、解毒调味、发汗抑菌和舒张血管的作用。主要用于风寒感冒、恶寒发热、头痛鼻塞、阴寒腹痛、痢疾泄泻、虫积内阻、乳汁不通、二便不利等症状。大葱多用于煎炒烹炸。

4. 细香葱

学名： *Allium schoenoprasum* L.

别名： 慈葱、绵葱、四季葱、香葱等

生长周期： 多年生草本植物

栽培环境： 细香葱生长的适宜平均气温在20℃左右，根系分布较浅，吸收力较弱，宜选地势平坦、排水良好、土壤肥沃的田块种植，无论沙壤、黏壤土均可，对土壤酸碱度要求不严，微酸到微碱性均可。但不宜多年连作，不宜与其他葱蒜类蔬菜接茬。

食用价值及方法： 细香葱，味辛，性温，发表散寒、祛风胜湿、解毒消肿。治风寒感冒头痛。外敷寒湿，红肿，痛风，疮疡。叶可在土层表面处割下，用于调味，特别是用作蛋、汤、沙拉和蔬菜烹调的佐料。

5. 分葱

学名： *Allium fistulosum* L. var. *caespitosum* Makino

别名： 四季葱、大头葱、冻葱、冬葱等

生长周期： 多年生草本植物

起源： 原产于中国西部，亚洲西部叙利亚一带。

栽培环境： 喜冷凉、湿润，生长适温12～25℃。对光照强度要求不高，较耐阴。对土壤的适应性广，要求水分充足，但不耐旱、不耐涝。多进行直播或分株栽植。

食用价值及方法： 含碳水化合物、蛋白质、维生素C等。具香辛味，可鲜食，常用作调料，也可加工成脱水葱粉、葱末、葱油等。

6. 韭葱

学名： *Allium porrum* L.

别名： 扁叶葱、岩葱、山葱，海蒜、洋大蒜、洋蒜苗

生长周期： 多年生草本植物

起源： 原产欧洲中南部

栽培环境及方法： 生于草原、草甸或山坡上。喜光、耐寒、耐旱、忌湿，对土壤适应性强，喜疏松、排水良好的沙质土壤。

食用价值及方法： 主要营养成分是蛋白质、糖类、维生素A原（主要在绿色葱叶中含有）、食物纤维以及磷、铁、镁等矿物质等。含烯丙基硫醚，能刺激胃液的分泌，有助于食欲的增强，葱叶部分要比扁叶葱白部分含有更多的维生素A、维生素C及钙，有助于防止血压升高所致的头晕，使大脑保持灵活和预防老年痴呆的作用。

7. 黄花菜

学名： *Hemerocallis citrina* Baroni

别名： 萱草、忘忧草、柠檬萱草、安神菜、金针菜

生长周期： 多年生草本植物

起源： 亚欧两洲，我国栽培普遍。

栽培环境： 黄花菜地上部不耐寒，地下部耐-10℃低温。5℃以上时幼苗开始出土，叶片生长适温为15～20℃；开花期20～25℃较适宜。

食用价值及方法： 黄花菜中碳水化合物、蛋白质、脂肪三大营养物质分别占到60%、14%、2%，磷的含量高于其他蔬菜。性味甘凉，有止血、消炎、清热、利湿、消食、明目、安神等功效，对吐血、大便带血、小便不通、失眠、乳汁不下等有疗效，可作为病后或产后的调补品。食用前需经60℃以上高温处理去除黄花菜中的秋水仙碱，然后晾干，可炒食，可做汤。

8. 芦笋

学名： *Asparagus officinalis*

别名： 露笋、石刁柏、龙须菜

生长周期： 多年生宿根草本植物

类型： 根据嫩茎颜色的不同，可分为绿色芦笋、白色芦笋、紫绿色芦笋、紫兰色芦笋、粉红色芦笋等几种。

起源： 原产于地中海东岸及小亚细亚

食用价值及方法： 芦笋有“蔬菜之王”的美称，富含多种氨基酸、蛋白质和维生素，其含量均高于一般水果和菜蔬，特别是天冬酰胺和微量元素硒、钼、铬、锰等，能提高身体免疫力，对高血压、心脏病、白血病、血癌、水肿、膀胱炎等具有很强的抑制作用和药理效应。以嫩茎供食用，质地鲜嫩，风味鲜美，柔嫩可口，烹调时切成薄片，炒、煮、炖、凉拌均可。

9. 百合

学名： *Lilium* spp.

别名： 强瞿、番韭、山丹、倒仙

生长周期： 多年生草本宿根植物

类型： 根据根部分为肉质根和纤维状根两类。

起源： 原产于中国

栽培环境： 百合喜冷凉，较耐寒，喜干燥，怕水涝。对土壤要求不严，但在土层深厚、肥沃疏松的沙质壤土中，鳞茎色泽洁白、肉质较厚。黏重的土壤不宜栽培。根系粗壮发达，耐肥。春季出土后要求充足的氮素营养及足够的磷钾肥料，N：P：K=1：0.8：1，肥料应以有机肥为主。忌连作，3～4年轮作一次，前作以豆科、禾本科作物为好。

食用价值及方法： 百合富含蛋白质、钙、磷、铁、维生素，还含有秋水仙碱等多种生物碱，具有良好的营养滋补之功，对秋季气候干燥而引起的多种季节性疾病有一定的防治作用。中医上讲鲜百合具有养心安神、润肺止咳的功效，对病后虚弱的人非常有益。百合鲜食、干用均可，可炒菜、煲汤等。

10. 薤

学名： *Allium chinense*

别名： 藠头、薙头、小蒜、薤白头、野蒜、野韭

生长周期： 多年生宿根性草本植物

起源： 起源于中国

栽培环境： 薤适应性广，对气候要求不严格，适宜在冷凉的条件下生长，生长发育适温为16～21℃。属长日照作物，以排水良好的疏松沙壤土为佳，产量高，品质好，较耐阴，适于间套作，忌连作。

食用价值及方法： 薤的营养丰富，因产量少、食用价值高被列入高档蔬菜之列，素有“菜中灵芝”之美称。有增进食欲、帮助消化、解除油腻、健脾开胃、散瘀止痛等效果。薤皮软、肉糯、脆嫩、无渣、香气浓郁，自古被视为席上佐餐佳品，鳞茎和嫩叶均可炒食、煮食，鳞茎可腌渍成罐头。

11. 大蒜

学名： *Allium sativum* L.

别名： 蒜头、大蒜头、胡蒜、葫、独蒜、独头蒜

生长周期： 一、二年生草本植物

类型： 按照鳞茎外皮的色泽可分为紫皮蒜与白皮蒜2种

起源： 原产地在欧洲南部和中亚，自汉代张骞出使西域，把大蒜带回我国。

栽培环境： 大蒜喜冷凉，适宜温度在-5～26℃。大蒜苗4～5叶期耐寒能力最强，是最适宜的越冬苗龄，完成春花的大蒜在13小时以上的长日照及较高温度条件下开始花芽和鳞芽的分化，在短日照而冷凉的环境下，只适合茎叶生长。喜湿怕旱，对土壤要求不严，但富含有机质、疏松透气、保水排水性能强的肥沃壤土较适宜。

食用价值及方法： 大蒜含挥发油约0.2%，油中主要成分为大

蒜素，具有杀菌作用，是大蒜中所含的蒜氨酸受大蒜酶的作用水解产生，是天然的植物广谱抗菌素。一般鲜食或炒食，做调味品。

（二）莎草科

荸荠

学名： *Eleocharis tuberosa*（Roxb.）Roem. et Schult.

别名： 马蹄、水栗、乌芋、菩荠

生长周期： 多年生宿根性草本植物

起源： 原产于中国

栽培环境： 荸荠喜生于池沼中或栽培在水田里，喜温爱湿怕冻，适宜在浅水中生长，要求有20～25厘米的耕作层，在营养需求上，要求氮肥较少，磷肥较多，要求有充足的光照。

食用价值及方法： 荸荠中磷是所有茎类蔬菜中含量最高的，可促进人体发育，可促进体内的糖、脂肪、蛋白质三大物质的代谢，调节酸碱平衡。含有一种抗菌成分荸荠英，有一定的抑菌作用。性寒，具有清热解毒、凉血生津、利尿通便、消食除胀的功效，可用于治疗黄疸、痢疾、小儿麻痹、便秘等疾病。既可作蔬菜，又可作水果，生食、熟食均可。

二、双子叶植物纲

（一）十字花科

1. 普通白菜类

（1）青菜

学名： *Brassica chinensis*（L.）Makino

别名： 油菜、小白菜、青江菜、鸡毛菜

生长周期： 一年生或二年生草本植物

类型： 按颜色分为绿色和紫色

起源： 原产于亚洲，我国南北各省栽培，长江流域较广。

栽培环境与方法： 青菜是喜冷凉、抗寒力较强的作物。种子发芽的最低温度为3～5℃，在20～25℃条件下3天就可出苗。根系较发达，主根入土深，支、细根多，要求土层深厚、结构良好、有机质丰富。

食用价值及方法： 青菜中含多种营养素，富含维生素C、胡萝卜素，常食用具有美容作用。青菜所含钙量在绿叶蔬菜中为最高，

有助于增强机体免疫能力。富含有膳食纤维，可降低血脂。可炒、烧、炝。

（2）奶白菜

学名： *Brassica campestris* L. ssp. *Chinensis*（L.）Makino var. *communis* Tsen et Lee.

别名： 白帮油菜

生长周期： 一、二年生草本植物

起源： 原产于中国的南方，以广东栽培较多。

栽培环境： 奶白菜喜冷凉，在平均气温18～20℃和阳光充足的条件下生长最好，能耐短时的-2～3℃低温。根群浅，吸收能力较弱，生长期间需不断供给肥水，不耐涝。北京地区露地栽培可于无霜期由春季至秋季栽培，以收获幼株为主。

食用价值及方法： 奶白菜具有清热解毒、亮发明目、提高免疫力、健脾和胃、润肠、养颜护肤、养阴补虚、抗衰、抗辐射等功效。可凉拌，可炒食。

（3）乌塌菜

学名： *Brassica narinosa* Bailey.

别名： 塌菜、塌棵菜、塌地松、黑菜、黑桃乌、菊花菜

生长周期： 二年生草本植物

类型： 按叶形及颜色分为乌塌菜和油塌菜，按塌地程度分为塌地和半塌地。

起源： 原产于中国，主要分布在长江流域、淮河流域。

栽培环境： 乌塌菜耐寒性较强，耐热性较差。发芽适温为20～25℃，生长发育适温15～20℃，能耐-10～-8℃低温，主根肥大，须根发达，对土壤适应性强，以富含有机质、保水保肥力强的黏土栽培为佳。整个生长期以氮肥为主。

食用价值及方法：乌塌菜的叶片肥嫩，可炒食、做汤、凉拌，色美味鲜，营养丰富。每100克鲜叶中含维生素C高达70毫克，钙180毫克及铁、磷、镁等矿物质，被称为“维他命”菜而倍受人们青睐。

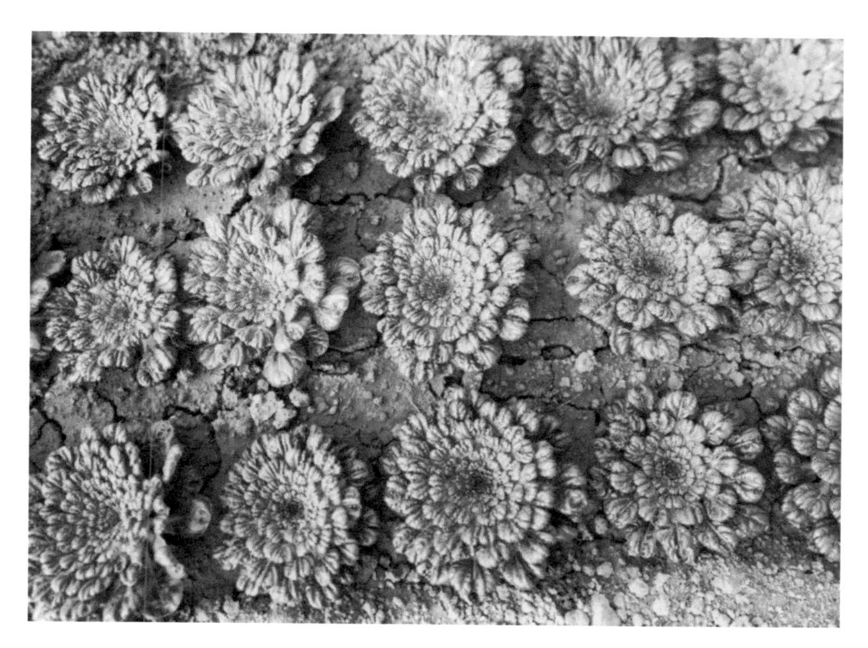

（4）菜薹

学名： *Brassica campestris* L. ssp. *chinensis*（L.）Makino var. *utilis* Tsen et Lee.

别名： 菜心、菜尖

生长周期： 一、二年生草本植物

起源： 起源于中国南部，由白菜易抽薹材料经长期选择和栽培驯化而来，并形成了不同类型和品种，主要分布在广东、广西壮族自治区（全书简称广西）、湖北。

栽培环境与方法： 菜薹属长日照植物，花芽分化和花薹的生长速度主要受温度的影响，植株现蕾前后均需充足的肥水，对矿物质营养的吸收以氮最多，钾其次，磷最少，氮、磷、钾的比例为3.5∶1∶3.4。

食用价值及方法： 薹柔嫩，可炒食，可焯水后凉拌。每100克鲜菜中，含水分94～95克、碳水化合物0.72～1.08克、全氮化合物0.21～0.33克、维生素C 34～39毫克。菜薹味甘，性辛、凉，有散血消肿之功效。滑嫩、清香，口感好，堪称健康食品，其独特的风味为人们所喜爱。

（5）紫菜薹

学名： *Brassica campestris* L. ssp. *chinensis*（L.）Makino var. *purpurea Bailey*

别名： 红菜薹、红油菜薹、红菜、紫菘

生长周期： 一、二年生草本植物

起源： 原产我国，主要分布在长江流域一带，以湖北武昌和四川省的成都栽培最为著名。

栽培环境： 紫菜薹喜冷凉，但不耐低温，−3℃以下易受冻，应选择避风向阳、水源充足地有利于其生长；对土壤适应性广，但以壤土或沙壤土最适，有机质含量2%以上，pH值6.5～7.5为宜。大雪后抽薹长出的花茎，色泽最红，水分最足，脆性最好，口感最佳，民间有“梅兰竹菊经霜翠，不及菜薹雪后娇”之说。

食用价值及方法： 富含有钙、磷、铁、胡萝卜素、抗坏血酸等成分，多种维生素比大白菜、小白菜都高。且色泽艳丽，质地脆嫩，为佐餐之佳品。

（6）芝麻菜

学名： *Eruca sativa* Mill.

别名： 臭菜

生长周期： 一年生草本植物

起源： 起源于欧洲

栽培环境： 芝麻菜对环境要求不严格，具有很强的抗旱和耐瘠薄能力。种子发芽的最适温度为15～20℃。在土壤含水量70%～80%为宜，茎叶生长更好。整个生育期为50～60天。

食用价值及方法： 每100克芝麻菜中的水分含量为92克，蛋白质约有0.3克，脂肪占有0.1克，碳水化合物约有0.4克。芝麻菜有兴奋、利尿和健胃的功效，对久咳也有特效。可与肉汤、沙拉、马铃薯和面粉一起做成颇具风味的菜，也可蘸酱食用。

（7）薹菜

学名：*Brassica campestris* L. ssp. *chinensis* Makino var. *laxa* Tsen et Lee.

别名：芸薹

生长周期：一、二年生草本植物

类型：分为花叶和圆叶2种

起源：原产于中国，是中国黄河和淮河流域的地方特产蔬菜之一，以山东和江苏等地种植较多。

栽培环境：薹菜耐寒性很强，华北地区稍加保护可安全越冬，耐热力也较强，夏季高温时节也能生长，其生长最适温度为10～22℃，低于10℃生长缓慢。冬性强，小苗在2～5℃的低温下，花叶薹菜需30～35天，圆叶薹菜需45天，才能通过春化。营养生长期要求土壤肥沃、疏松湿润，但能耐干旱，不耐涝。

食用价值及方法：薹菜含有大量胡萝卜素和维生素C，有助于增强机体免疫能力。薹菜所含钙量在绿叶蔬菜中为最高。其含钾、钙等矿质元素较高，食用部分为植株的全株，即幼苗或成长株的嫩叶、叶柄、未开花的嫩菜薹和肉质根，可素炒、荤爆。

2. 大白菜类

大白菜

学名： *Brassica campestris* L. ssp. *pekinensis*（Lour.）Olsson

别名： 窖白菜、结球白菜、包心白菜、黄芽菜、菘

生长周期： 二年生草本植物

起源： 原产于中国北方和地中海沿岸，新石器时期的西安半坡村遗址就有出土的白菜籽

栽培环境： 大白菜喜冷凉气候，平均气温18～20℃和阳光充足的条件下生长最好。-3～-2℃能安全越冬。根群浅，吸收能力较弱，需多次追施速效氮肥以保证丰产。

食用价值及方法： 百菜不如白菜，大白菜富含B族维生素、维生素C、钙、铁、磷、锌。其性微寒无毒，经常食用具有养胃生津、除烦解渴、利尿通便、清热解毒之功效。可凉拌、可炒食、可做汤等。

紫色白菜

四季娃娃菜

3. 萝卜

（1）樱桃萝卜

学名： *Raphanus sativus* L. var. *radculus pers*

别名： 水果萝卜

生长周期： 一、二年生草本植物

类型： 按果皮颜色分为红皮和白皮

起源： 起源于欧洲、亚洲温暖海岸，是世界上古老的栽培作物之一。

栽培环境： 萝卜为半耐寒蔬菜。种子发芽的适温为20～25℃，生长适温为15～20℃，肉质根膨大期的适温稍低于生长盛期，为6～20℃。喜保水和排水良好、疏松通气的沙质壤土。

食用价值及方法： 萝卜性甘、凉，味辛，有通气宽胸、健胃消食、止咳化痰、除燥生津、解毒散瘀、止泄、利尿等功效。含有的菜服脑、葫芦巴碱、胆碱等都有药用价值，萝卜醇提取物有抗菌作用。所含的粗纤维和木质素化合物有抗癌作用。可炒、做汤，一般是凉拌。

（2）玉笋萝卜

学名： *Raphanus sativus* L.

别名： 手指萝卜、白钢笔萝卜

生长周期： 二年生草本植物

栽培环境： 玉笋萝卜为半耐寒性蔬菜，适宜生长温度为20℃左右。春秋可以直播。对土壤的适应性很广，较喜欢土质疏松、通气良好的沙壤土。因此，栽培时需要对土壤进行深耕细作，改善土壤通气性，同时施足底肥，其生长期比较短，在整个生育期内不再需要追肥。

食用价值及方法： 玉笋萝卜含有多种维生素和矿物质，经常食用，可以去火、利肝、通气。生食或凉拌。

（3）白萝卜

学名： *Raphanus sativus* L.

别名： 芦菔

生长周期： 一、二年生草本植物

类型： 按不同栽培季节分为冬白萝卜、春白萝卜、夏白萝卜

起源： 原始种起源于欧、亚温暖海岸的野萝卜

栽培环境： 萝卜为半耐寒性蔬菜，种子发芽适温为20～25℃。有效水含量为65%～80%，适宜pH值5.3～7，保水、保肥性能良好的沙壤土。

食用价值及方法： 萝卜有“小人参”的美称，营养丰富，其中维生素C的含量比梨高8～10倍，能抑制黑色素合成，阻止脂肪氧化，防止脂肪沉积。性甘平辛，归肺脾经，具有下气、消食、除疾润肺、解毒生津，利尿通便的功效。可凉拌、炒食、炖食、做汤等。

（4）红萝卜

别称：卞萝卜、大红萝卜、东北红萝卜

生长周期：一、二年生草本植物

起源：原产于我国

栽培环境：同白萝卜

食用价值及方法：红萝卜性微温，入肺、胃二经，具有清热、解毒、利湿、散瘀、健胃消食、化痰止咳、顺气、利便、生津止渴、补中、安五脏等功能。红萝卜含有能诱导人体产生干扰素的多种微量元素，可增强机体免疫力，含B族维生素和钾、镁等矿物质，可促进肠胃蠕动，有助于体内废物的排出。可生食、凉拌、炒食、榨汁、煮汤、腌渍等。

（5）心里美

学名： *Raphanus sativus* L.

别名： 脆萝卜

生长周期： 一、二年生草本植物

类型： 按肉色分血红瓤和草白瓤两种，按叶型分为板叶和裂叶2种类型。

起源： 原产于我国

栽培环境： 心里美萝卜喜冷凉，需要充足阳光，北方地区最适播种期为9月下旬至10月上旬，宜选择土层深厚、富含有机质、排灌良好、保水保肥、微酸或中性（pH值5.5～7.5）的沙壤土种植。心里美萝卜对养分的需求以钾最多，其次为氮，再次为磷。因此，在栽培中要注意增施钾肥。

食用价值及方法： 心里美含热量少，纤维素多，吃后易产生饱胀感，有助于减肥。能诱导人体自身产生干扰素，增加机体免疫力，并能抑制癌细胞的生长，对防癌、抗癌有重要作用。萝卜中的芥子油和精纤维可促进胃肠蠕动，有助于体内废物的排出。常吃萝卜可降低血脂、软化血管、稳定血压，预防冠心病、动脉硬化、胆石症等疾病。适宜鲜食。

4. 芥蓝

学名： *Brassica alboglabra* L. H. Bailey

别名： 白花芥蓝、绿叶甘蓝

生长周期： 一、二年生草本植物

类型： 按照生育期分有早、中、晚熟型

起源： 原产于中国，栽培历史悠久，是特产蔬菜之一。

栽培环境： 芥蓝喜温和的气候，耐热性强，是甘蓝类蔬菜中耐高温最强者。叶丛生长，菜薹形成适温为15～25℃。喜湿润的土壤环境，以土壤最大持水量80%～90%为适。对土壤的适应性较广，以壤土和沙壤土为宜。

食用价值及方法： 芥蓝含纤维素、糖类等。其味甘，性辛，具利水化痰、解毒祛风、除邪热、解劳乏、清心明目等功效。芥蓝的菜薹柔嫩、鲜脆、清甜、味鲜美，以肥嫩的花薹和嫩叶供食用，可炒食、汤食，或作配菜。

5. 甘蓝

（1）结球甘蓝

学名： *Brassica oleracea* L. var. *capitata* L.

别名： 卷心菜、洋白菜、疙瘩白、茴子白、包菜、圆白菜、包心菜、莲花白等

生长周期： 二年生草本植物

类型： 依叶球形状和成熟期的迟早，分为尖头、圆头、平头三个生态型；按照叶型和叶色分为普通甘蓝、皱叶甘蓝、紫甘蓝3种类型。

起源： 起源于地中海沿岸，16世纪开始传入中国。

栽培环境： 甘蓝喜温和，能抗严霜和较耐高温。适应温度为7～25℃，幼苗耐-1.5℃低温和35℃的高温。甘蓝要求土壤水分充足和空气湿润，是喜肥和耐肥作物，吸肥量较多，全生长期吸收

氮、磷、钾的比例约为3∶1∶4。

食用价值及方法：结球甘蓝的防衰老、抗氧化效果与芦笋、菜花同样处在较高的水平，富含叶酸和维生素C，能提高人体免疫力，预防感冒，保障癌症患者的生活质量。含有植物杀菌素，有抑菌消炎的作用。适宜爆炒，也可热水焯后凉拌。

紫甘蓝

皱叶甘蓝

（2）球茎甘蓝

学名： *Brassica oleracea* L. var. *caulorapa* DC.

别名： 苤蓝、擘蓝、玉蔓菁、茄莲

生长周期： 二年生草本植物

类型： 按照球茎颜色分为绿色和紫色2种类型

起源： 原产于地中海沿岸

栽培环境： 球茎甘蓝喜温和湿润、充足的光照，较耐寒，有适应高温的能力，生长适温15～20℃。肉质茎膨大期如遇30℃以上高温肉质易纤维化。对土壤的选择不很严格，但宜于腐殖质丰富的黏壤土或沙壤土中种植。

食用价值及方法： 富含维生素C，一杯煮熟的球茎甘蓝含有“每日建议摄取量”的1.5倍。含大量钾，维生素E含量也超过“每日建议摄取量”的10%。可清蒸当作小菜，或切丝做成凉拌沙拉，还可炒食和做汤。

（3）花椰菜

学名： *Brassica oleracea* L. var. *botrytis* L.

别名： 花菜、菜花

生长周期： 一年生草本植物

类型： 按照成熟期不同分为早、中、晚熟3种类型

散梗菜花

珊瑚菜花（宝塔菜花）

黄菜花

紫菜花

起源： 原产于地中海沿岸

栽培环境： 花椰菜生育习性喜冷凉，属半耐寒蔬菜，栽培上

对环境条件要求比较严格，这主要是由菜花的植物学特征决定的。营养生长温度可在8～24℃，花球生育适温为15～18℃，宜选择比较肥沃、排水良好的沙壤土种植，地势以阳光充足平坦地为好。

食用价值及方法：花椰菜含有蛋白质、脂肪、碳水化合物、食物纤维、维生素A、维生素B、维生素C、维生素E、维生素P、维生素U和钙、磷、铁等矿物质。花椰菜质地细嫩，味甘鲜美，食后易消化，有清热解渴、利尿通便之功效。含有的“索弗拉芬”能刺激细胞制造对机体有益的保护酶——Ⅱ型酶，具有抗癌作用。含有“硫莱菔子素”，能帮助清理肺部积聚的有害细菌。适宜炒食。

（4）青花菜

学名： *Brassica oleracea* L. var. *italic* Plenck

别名： 木立花椰菜、意大利花椰菜、绿菜花、西兰花

生长周期： 一年生草本植物

类型： 按照不同颜色分为绿菜花、紫菜花等类型。

起源： 原产于地中海沿岸

栽培环境： 青花菜对光照要求不严格，耐寒、耐热性强。最适发芽温度为20～25℃，幼苗期的生长适温为15～20℃，莲座期生长适温为20～22℃，花球发育适温为15～18℃。整个生育期需水量较大，花球形成期土壤湿度田间持水量70%～80%可满足生长需要。适宜在排灌良好、耕层深厚、土质疏松肥沃、保水保费力强的壤土和沙质壤土上种植，pH值为5.5～8土地均可生长，以pH值为6最适。

食用价值及方法： 青花菜性凉、味甘，营养丰富，含蛋白质、糖、脂肪、维生素和胡萝卜素，营养成分位居同类蔬菜之首，被誉为“蔬菜皇冠”。富含有类黄酮，可清化血管；含维生素K，可解毒肝脏；富含维生素C，可增强体质；含多种吲哚衍生物，可预防癌症。可搭配炒食或焯水凉拌。

（5）抱子甘蓝

学名： *Brassica oleracea* L. var. *gemmifera* Zenk.

别名： 小圆白菜、小卷心菜、芽卷心菜、芽甘蓝、子持甘蓝

生长周期： 二年生或多年生草本植物

起源： 起源于地中海沿岸

栽培环境： 抱子甘蓝喜冷凉的气候，耐寒力很强，在气温下降至-4～-3℃时也不致受冻害，耐热性较结球甘蓝弱，其生长适温为18～22℃，小叶球形成期最适温为白天15～22℃，夜间9～10℃。生长过程中氮磷钾不可缺少，尤对氮肥的需要量较多，其适宜的pH值为5.5～6.8。

食用价值及方法： 抱子甘蓝食用部分为腋芽处形成的小叶球，风味似结球甘蓝却也具有自身独特的口味，纤维少，营养丰富，蛋白含量在甘蓝类蔬菜中是最高的。可清炒、清烧、凉拌、做汤料、火锅配菜等。

（6）羽衣甘蓝

学名：*Brassica oleracea* var. *acephala* DC.

别名：叶牡丹、牡丹菜、花包菜、绿叶甘蓝等

生长周期：二年生草本植物

类型：按高度可分高型和矮型；按叶形分皱叶、不皱叶及深裂叶3种类型。

起源：原产于地中海沿岸至小亚西亚一带

栽培环境：羽衣甘蓝喜冷凉气候，极耐寒，不耐涝。生长适温为20～25℃，对土壤适应性较强，以腐殖质、钙质丰富、pH值5.5～6.8的土壤中生长最旺盛。

食用价值及方法：羽衣甘蓝富含维生素A、维生素C、维生素B_2及钙、铁、钾。其中维生素C含量非常高，每100克嫩叶中维生

素C含量达到153.6～220毫克，在甘蓝中可与花椰菜媲美。其嫩叶可炒食、凉拌、做汤，在欧美多用其配上各色蔬菜制成色拉。风味清鲜，烹调后保持鲜美的碧绿色。

观赏、食用两用型羽衣甘蓝

6. 芥菜

（1）叶用芥菜

学名： *Brassica juncea*（L.）var. *rugosa* Bailey

别名： 雪里蕻、盖菜、三池辣菜、青菜

生长周期： 一年生或二年生草本植物

类型： 分为大叶芥菜、花叶芥菜、瘤柄芥菜、包心芥菜和分蘖芥菜等类型。

雪里蕻

起源： 原产于中国，国内各地普遍栽培

栽培环境： 喜温和气候，能耐寒，生长适温15～20℃，散叶型对较高温的适应性强。北方以秋播为主，南方则春秋两季均可栽培。一般多行育苗移栽，生长期中需充足供应肥水。

食用价值及方法：芥菜富含维生素A、维生素B、维生素C、维生素D。含有大量的抗坏血酸，具有提神醒脑功效，含有胡萝卜素和大量食用纤维素，有明目与宽肠通便的作用，还有开胃消食的作用，因为芥菜腌制后有一种特殊鲜味和香味，能促进胃、肠消化功能，增进食欲，可用来开胃，帮助消化。

京水菜（水晶菜）

中叶紫芥菜

细叶紫芥菜

芥菜（盖菜）

（2）根用芥菜

学名：*Brassica juncea*（L.）var. *megarrhiza* Tsen et Lee

别名：大头菜、芜菁、芥辣、芥菜疙瘩

生长周期：一年生或二年生草本植物

类型：根芥只有一个变种，即大头芥变种。

起源：起源于中国

栽培环境：芥菜喜冷凉湿润的气候条件，叶簇生长适温15～20℃，肉质根膨大期10～15℃比较适宜，低于10℃容易抽薹，超过25℃不利于肉质根膨大，喜富含有机质的土壤。

食用价值及方法：芥菜含有丰富的食物纤维，可促进结肠蠕动，缩短粪便在结肠中的停留时间，防止便秘，并通过稀释毒素降低致癌因子浓度，从而发挥解毒防癌的作用。还含有一种硫代葡萄糖苷的物质，经水解后能产生挥发性芥子油，具有促进消化吸收的作用。一般腌制食用。

（3）茎用芥菜

学名： *Brassica juncea* var. *tumida* Tsen et Lee

别名： 青菜头、包包菜、羊角菜、菱角菜

生长周期： 二年生草本植物

类型： 茎瘤芥、笋子芥和抱子芥3种。

起源： 起源于中国

栽培环境： 喜冷凉润湿，忌炎热、干旱，稍耐霜冻。适于种子萌发的旬平均温度为25℃。芥菜花最适于叶片生长的旬平均温度为15℃，最适于食用器官生长的温度为8～15℃。栽植过程中除施氮肥外，结合施用磷、钾肥可提高产量和品质，并可减少茎用芥菜的空心率。

食用价值及方法： 茎用芥菜富含维生素A、维生素B族、维生素C和维生素D，具宣肺豁痰、利气温中、解毒消肿、开胃消食、明目利膈的功效。其茎基部膨大，叶子着生的基部突起，形成瘤状的肉质茎，主要供加工腌制榨菜。

7. 芜菁

学名：*Brassica campestris*

别名：蔓菁、诸葛菜、圆菜头、圆根、盘菜

生长周期：二年生草本植物

起源：芜菁起源中心在地中海沿岸及阿富汗、巴基斯坦、外高加索等地

栽培环境：芜菁性喜冷凉，不耐暑热，生育适温15～22℃。可直接在露天种植，并且植株的耐寒抗热性能强，有利于丰产。

食用价值及方法：芜菁富含维生素A、叶酸、维生素C、维生素K和钙。有一定药理功效，可利湿解毒，并缓解胀气、腹泻等病症，清热功效强，其功效与萝卜相似，养生价值高。青嫩的小型球根可以整颗烹煮并榨泥糊，或将老芜菁加在煨菜和汤里。芜菁上端的绿叶可用来作为春季蔬菜。

8. 豆瓣菜

学名： *Nasturtium officinale* R. Br.

别名： 西洋菜、东洋草、水焯菜

生长周期： 多年生水生草本植物

起源： 原产于地中海东部，从葡萄牙引入中国。

栽培环境： 豆瓣菜喜冷凉湿润环境，生长适温15～25℃。生长期要求良好的光照，光照不足时茎叶生长纤弱，产量低。喜保水保肥力强的中性壤土，适宜pH值为6.5～7.5。

食用价值及方法： 豆瓣菜的食用部分为植物的嫩茎叶，其性味甘凉，具有清肺热、润肺燥的功效。含有较多的蛋白质、维生素A、维生素C及大量的铁、钙等元素，有较高的抗衰老素——过氧化物歧化酶。可作沙拉生吃，作火锅和盘菜的配料，作汤粉和面条的菜料、汤料，还可做成清凉饮料或干制。

9. 荠菜

学名： *Capsella bursa-pastoris*（L.）Medic.

别名： 扁锅铲菜、荠荠菜、地丁菜、地菜、荠、靡草、花花菜、菱角菜、护生草等

生长周期： 一年生或二年生草本植物

类型： 按照叶型分为板叶荠菜和花叶荠菜2种

起源： 起源于东欧和小亚细亚

栽培环境： 荠菜属于耐寒性作物，喜冷凉的气候，生长适温12～20℃，在严冬能忍受0℃以下的低温。生长期短，叶片柔嫩，最适宜的土壤湿度为30%～50%，以肥沃疏松的壤土较好。土壤酸碱度以pH值6～6.7为宜，需要充足的氮肥和日照。

食用价值及方法： 荠菜是野菜中的珍品，含有多种氨基酸，富含纤维，高达1.7毫克/100克，含有胆碱、乙酸胆碱、芥菜碱、黄酮类等成分。可清炒、煮汤、凉拌、做馅，清香可口，风味独特，柔嫩鲜香。

10. 独行菜

学名： *Lepidium sativum* L.

学名： 腺茎独行菜、北葶苈子、昌古

生长周期： 一年生或二年生草本植物

来源于网络

起源： 独行菜起源于伊朗，古代就传到了埃及、希腊、罗马、印度等地区。

栽培环境： 独行菜喜冷凉气候，属半耐寒蔬菜植物。适宜生长的温度15～20℃，超过28℃的高温，则不利于独行菜的生长。属长日照植物，在富含有机质的土壤上生长良好，pH值要求6～6.8，适宜的土壤湿度为80%。

食用价值及方法： 独行菜富含铜、钙、钾，具有清热止血、泻肺平喘、行水消肿的功效。用于痰涎壅肺、咳喘痰多、胸胁胀满、不得平卧、肺炎高热、肺原性心脏病水肿、胸腹水肿、小便淋痛。种子的70%乙醇提取物中有强心成分，临床用于治疗慢性肺原性心脏病并发心力衰竭。

11. 辣根

学名：*Armoracia rusticana*

别名：马萝卜，山葵萝卜

生长周期：多年生直立草本植物

起源：原产于欧洲东部和土耳其

栽培环境：辣根喜凉、耐寒、耐干旱不耐涝，以土层深厚，保水、保肥力强的微酸性沙壤土较好，忌连作。

来源于网络

食用价值及方法：辣根富含各种维生素和铁、钙、磷、钴、锌等矿物质。药用内服作兴奋剂，辣根具有利尿、兴奋神经的功效。其中主要成分为葡萄糖异硫氰酸烯丙酯，又称黑芥子苷，还含少量的葡萄糖异硫氰酸苯酯等。全植物含挥发油及芥子油。种子含脂肪油和生物碱，具有很好的保健功能。我国自古药用，有利尿、兴奋神经的功效。辣根含有人体所需的多种营养成分，具有抑制胃癌细胞繁殖、防治胃癌之功效。主要用于西餐调味。为鱼、肉菜肴增香。

辣根与芥末的区别：

芥末是芥菜的种子，辣根是辣根植物的根。

市场上常见的芥末酱多由辣根制作，常见有2种型态：鲜黄色膏状和黄白色膏状。

芥末是芥菜的成熟种子碾磨成的一种辣味调料。为中国北方的一种常见调料，主要用来拌菜，如常见的芥末白菜、芥末鸭掌和芥末鸡丝等。

（二）葫芦科

1. 黄瓜

学名： *Cucumis sativus* L.

别名： 胡瓜、刺瓜、王瓜、勤瓜、青瓜、唐瓜、吊瓜

生长周期： 一年生蔓生或攀缘草本植物

类型： 根据食用方法分为普通黄瓜和水果黄瓜

起源： 原产于喜马拉雅山南麓的热带雨林地区

栽培环境： 黄瓜喜温暖，不耐寒冷，生长适温为18～28℃，喜湿而不耐涝、喜肥而不耐肥，宜选择富含有机质的肥沃土壤。一般适宜pH值5.5～7.2的土壤，以pH值为6.5最好。

食用价值及方法： 黄瓜含水分为98%，富含蛋白质、糖类、维

生素、钙、磷、铁等营养成分。有清热、解渴、利水、消肿之功效。黄瓜肉质脆嫩，汁多味甘，生食生津解渴，且有特殊芳香。可鲜食、做汤、炒食等。

2. 冬瓜

（1）普通冬瓜

学名： *Benincasa hispida*（Thunb.）Cogn

别名： 水芝、枕瓜、蔬蓏、白瓜

生长周期： 一年生蔓生或攀缘性草本植物

类型： 按果皮蜡粉的有无而分为粉皮种和青皮种等

起源： 原产于我国南部及印度，主要栽培于东亚及非洲

栽培环境： 冬瓜喜温、耐热，生长发育适温为20～25℃，授粉坐果适宜气温为25℃左右，20℃以下的气温不利于果实发育。施肥以氮肥为主，适当配合磷、钾肥，增强植株抗逆能力，并增加单果种子生产量。

食用价值及方法： 冬瓜富含蛋白质、碳水化合物、维生素以及矿质元素等，维生素中以抗坏血酸、硫胺素、核黄素及尼克酸含量较高，属典型的高钾低钠型蔬菜，对肾脏病、高血压、浮肿病患者大有益处。冬瓜肉质致密，含水分高，味清淡。老瓜耐贮运，品质好，宜熟食，干制、糖渍也可。

（2）节瓜

学名： *Benincasa hispida* var. *chieh-qua*

别名： 小冬瓜、毛瓜、腿瓜、长寿瓜

生长周期： 一年生攀缘草本植物

类型： 按对栽培条件的适应性，可分为春节瓜和夏节瓜

起源： 原产于我国南部，是我国的特产蔬菜之一

栽培环境： 节瓜对环境的要求与冬瓜基本相似，适于较高温度和较强的光照，生长发育适温为20～30℃，10℃以下温度，加上湿度大，就会发生冷害。对光照长短的要求不严格，对氮素较敏感，氮素过多，容易徒长，且易感染病害，影响果实品质。因此，在施肥时必须注意氮磷钾肥相互配合。

食用价值及方法： 节瓜富含碳水化合物、蛋白质、维生素及磷、钙和铁等矿物质，营养丰富。具有清热、清暑、解毒、利尿、消肿等功效，是炎热夏季的理想蔬菜。对治疗肾脏病、浮肿病、糖尿病等也有一定的辅助作用。嫩瓜肉质柔滑、清淡。老瓜和嫩瓜均可供炒、煮食或做汤用，但以嫩瓜为佳。

3. 西葫芦

（1）西葫芦

学名：*Cucurbita pepo* L.

别名：美洲南瓜、茭瓜、白瓜、角瓜

生长周期：一年生蔓生草本植物

起源：原产于北美洲南部，19世纪中叶从欧洲引入我国栽培

栽培环境：西葫芦生长期最适宜温度为20～25℃，光照强度要求适中，较能耐弱光，属短日照植物，长日照条件下有利于茎叶生长，短日照条件下结瓜期较早。西葫芦喜湿润，不耐干旱，对土壤要求不严格，沙土、壤土、黏土均可栽培，土层深厚的壤土易获高产。

食用价值及方法：西葫芦含有较多维生素C、葡萄糖等其他营养物质，尤其是钙的含量极高。具有除烦止渴、润肺止咳、清热利尿、消肿散结的功效。西葫芦以皮薄、肉厚、汁多、可荤可素、可菜可馅而深受人们喜爱。

（2）香蕉西葫芦

学名： *Cucurbita pepo* L.

别名： 黄蕉瓜、金皮西葫芦、黄角瓜

生长周期： 一年生蔓生草本植物

起源： 起源于美洲

栽培环境： 香蕉西葫芦性喜温暖的气候，植株在12℃以上才能正常生长发育，最适生长发育温度为21℃，开花结果要求的温度在15℃以上，果实发育最适温度为22～23℃，营养生长期在较低的温度下有利于雌花的分化。根系发达，具有较强的吸水性和抗旱力。

食用价值及方法： 香蕉西葫芦易消化，无刺激性，含钠量极低，适合高血压病人和肾病病人食用。它含甘露糖醇，能够促进大便畅通，适合便秘病人食用，对胰岛素的分泌也有促进作用。食用方法：炒、煮、炖、蒸，也可凉拌。

4. 南瓜

（1）普通南瓜

学名： *Cucurbita moschata* Duch.

别名： 番瓜、金瓜、倭瓜

生长周期： 一年生蔓生草本植物

起源： 原产于墨西哥到中美洲一带，世界各地普遍栽培，亚洲栽培面积最大。

栽培环境： 南瓜是喜温的短日照植物，生长发育的适温为18～32℃，开花和果实生长要求温度高于15℃，果实发育的适温为22～27℃。光照充足，生长良好，果实生长发育快且品质好；根系发达，吸水能力强，抗旱能力强，但不耐涝。对土壤肥力要求不严格，适量施肥能促进茎叶生长，过量将引起徒长。

食用价值及方法： 南瓜含有维生素和果胶，有很好的吸附性，能黏结和消除体内细菌毒素和其他有害物质，起到解毒作用。保护胃肠道黏膜，促进溃疡面愈合，适宜于胃病患者。能消除致癌物质亚硝胺的突变作用，有防癌功效，能帮助肝、肾功能的恢复，增强肝、肾细胞的再生能力。可蒸食、煮粥等。

（2）砍瓜

种属：是葫芦科植物，属于中国南瓜的一个变种。

栽培环境：砍瓜，与南瓜不同，秧苗抽蔓后需要搭架，种子发芽的适宜温度为25～30℃，茎叶生长适宜的白天温度为23～30℃，幼瓜生长适宜温度白天为25～30℃。属于短日照作物，对光照的要求不太严格，最适宜中等强度的光照条件，具有发达的根系，抗旱能力较强，但由于叶片较大，蒸腾作用旺盛，需要吸收大量的水分，对土壤适应性较强，最好是疏松肥沃、排灌良好的壤土种植；砍瓜的需肥量较多，以氮、磷、钾和微量元素配合使用产量高、品质好。

食用价值及方法：砍瓜，砍着吃，不用等瓜成熟后摘下食用，在生长期可任意砍着吃，吃多少，砍多少，天天吃鲜瓜。营养丰富，比南瓜脆甜，比冬瓜细腻，皮薄肉嫩，炒食、做汤、做馅均可。

（3）香炉南瓜

学名：*Cucurtbita maxima* Duch.

别名：鼎足瓜、金瓜

生长周期：一年生蔓生草本植物

起源：原产于印度

栽培环境：香炉南瓜喜高温，生长适宜温度25～30℃，最低发芽温度15℃，短日照有利于雌花发育，北方设施内一般在3月25日至4月10日定植，露地在晚霜后定植。根系发达，有较强的耐旱能力，选择肥沃的中性土壤，富含有机质。

食用价值及方法：香炉南瓜花朵较大，并散发出如兰草的香味，是一种具观赏兼食用价值的特种蔬菜。含有易被人体吸收的磷、铁、钙等多种营养成分，有补中益气、消炎止痛、解毒杀虫的作用，对糖尿病、肾炎患者及老年人高血压、冠心病、肥胖症等，有较好疗效。瓜肉质面，可炒食、红烧。

（4）黑籽南瓜

学名： *Cucurbita ficifolia*

别名： 米线瓜、绞瓜

生长周期： 多年生蔓生草本植物

起源： 原产于中美洲至南美洲，现我国云南为主产区

栽培环境： 黑籽南瓜喜温暖湿润的气候条件，果实发育适温为25～27℃。适合沙壤土栽培，适应性广，抗病性强。

食用价值及方法： 嫩瓜可炒食，老瓜煮熟后以筷子搅拌即成线状的丝条，可凉拌、做汤。植株主要作砧木使用，一般嫁接黄瓜、西瓜、苦瓜、丝瓜，经嫁接后高抗枯萎病，耐低温，长势强，品质好，提高综合抗病，延长采收期，产量高。也可以作饲料南瓜或观赏栽培。

5. 印度南瓜

学名： *Cucurbita maxima* Duch. ex Lam.

别名： 笋瓜、北瓜、玉瓜、大洋瓜、东南瓜、搅丝瓜

生长周期： 一年生蔓性草本植物

类型： 按皮色分为白皮、黄皮及花皮，按大小分为大、小笋瓜

起源： 起源于南美洲的玻利维亚、智利及阿根廷等国

栽培环境： 印度南瓜是喜温的短日照植物，生长适温为15～29℃，耐旱性强，对土壤要求不严格，但以肥沃、中性或微酸性沙壤土为好。多进行春季栽培，南方炎热地区进行春、秋两季栽培。

食用价值及方法： 印度南瓜可补中益气，用于脾胃虚弱症；调理肠胃，用于肠胃由热所致的食欲不佳等。含有的葫芦巴碱和丙

醇二酸，在人体内能组织糖分转化成脂肪，具有轻身减肥的作用。具有润喉止喘的功效，对治疗支气管炎、哮喘等病症均有很好的效果。嫩瓜适于炒食、做馅；老熟瓜适于蒸食。

6. 西瓜

学名： *Citrullus lanatus*（Thunb.）Matsum. et Nakai

别名： 夏瓜、寒瓜、水瓜

生长周期： 一年生蔓生藤本植物

类型： 根据用途分为鲜食西瓜和籽用西瓜，根据染色体分二倍体、四倍体有籽西瓜和三倍体无籽西瓜。

起源： 原产于非洲

栽培环境： 西瓜喜温暖、干燥的气候，不耐寒，生长最适温度24～30℃，耐旱、不耐湿，喜光照，以土质疏松、土层深厚、排水良好的沙质土最佳。喜弱酸性，pH值5～7。

食用价值及方法： 西瓜堪称“盛夏之王”，清爽解渴，味道甘味多汁，是盛夏佳果。含有大量葡萄糖、苹果酸、果糖、蛋白氨基酸、番茄素及丰富的维生素C等物质，是一种富有很高的营养、纯净、食用安全食品。瓤肉含糖量一般为5%～12%，包括葡萄糖、果糖和蔗糖。甜度随成熟后期蔗糖的增加而增加。

来源于网络

7. 甜瓜

（1）厚皮甜瓜

学名： *Cucumis melo* L.

别名： 蜜瓜、香瓜、洋香瓜

生长周期： 一年生藤蔓类草本植物

类型： 主要有3个变种——网纹甜瓜、硬皮甜瓜、冬甜瓜

起源： 起源于中部非洲的热带地区，中国、日本、朝鲜是东亚薄皮甜瓜的次生起源中心，新疆是中亚厚皮甜瓜的次生起源中心之一。

栽培环境： 厚皮甜瓜喜温、耐热，要求较大的昼夜温差和充足的光照。开花期适温20～30℃，适于有机质丰富、排水较好的沙壤土。露地栽培多采用直播，爬山整枝，春播夏收。

食用价值及方法： 厚皮甜瓜果实含糖量较高，含有碳水化合物、多种矿物质、维生素C等，宜鲜食。味甘，性寒，可止渴、除烦躁、利小便、通三焦等。

（2）薄皮甜瓜

学名： *Cucumis melo* L. var. *makuwa* Makino

别名： 香瓜、东方甜瓜

生长周期： 一年生藤蔓类草本植物

类型： 果色、性状、斑纹类型繁多

起源： 原产于非洲热带沙漠地区

栽培环境： 薄皮甜瓜要求开花、坐果期土壤含水量应适中，在60%～70%比较合适，果实膨大期要求高水分，以80%～85%为宜，在成熟后，以55%的较少含水量为佳。甜瓜抗旱、耐盐碱、耐瘠薄，pH值8～9时能良好生长发育。但它对氯敏感，不可施氯化钾作钾肥。

食用价值及方法： 薄皮甜瓜果肉生食，止渴清燥，可消除口臭，但瓜蒂有毒，生食过量会中毒。各种香瓜均富含苹果酸、葡萄糖、氨基酸、甜菜茄、维生素C等营养物质，对感染性高烧、口渴等，都具有很好的疗效。

8. 丝瓜

学名：普通丝瓜*Luffa cylindrica*（L.）Roem.

有棱丝瓜*Luffa acutangula*（L.）Roxb

别名：普通丝瓜又称圆筒丝瓜、菜瓜、蛮瓜；有棱丝瓜又称棱角丝瓜、胜瓜

生长周期：一年生攀缘藤本植物

类型：分为有棱丝瓜和普通丝瓜2种类型

起源：起源于亚洲

栽培环境：丝瓜喜温耐热，生长发育适宜温度为20～30℃，短日照作物，喜光耐弱光，喜湿怕旱，土壤含水量在70%以上时生长良好，以有机质含量高、透气性好、保水保肥能力强的壤土、沙壤土为好。

食用价值及方法：丝瓜含蛋白质、钙、磷、铁及维生素B_1、维生素C，还有皂苷、植物黏液、木糖胶、丝瓜苦味质、瓜氨酸

等。维生素C能保护皮肤、消除斑块，使皮肤洁白、细嫩，故丝瓜汁有“美人水”之称。适于炒食、炖菜。

香丝瓜

苹果丝瓜

9. 佛手瓜

学名： *Sechium edule*

别名： 合手瓜、合掌瓜、丰收瓜、洋瓜、捧瓜

生长周期： 多年生宿根攀缘性草本植物

类型： 按果实颜色分为绿色和白色两类

起源： 原产于墨西哥、中美洲和西印度群岛

栽培环境： 佛手瓜喜温、耐阴、怕旱，要求土壤保持湿润。

食用价值及方法： 佛手瓜果实含锌较高，含钙比黄瓜、冬瓜和西葫芦高2倍多，含铁是南瓜的4倍、黄瓜的12倍，以白色或奶油色品种品质最佳。鲜瓜可切片、切丝，荤炒、素炒、凉拌，做汤、涮火锅、优质饺子馅等。还可加工成腌制品或做罐头。在国外，佛手瓜以蒸制、烘烤、油炸、嫩煎等方法食用。

10. 蛇瓜

学名： *Trichosanthes anguina* L.

别名： 蛇王瓜、蛇豆、蛇丝瓜、大豆角

生长周期： 一年生攀缘性草本植物

起源： 原产于印度

栽培环境： 蛇瓜喜温、耐湿热，根系发达，在15～40℃的温度条件下均能生长，最适宜的温度为20～35℃，各种类型土壤均可栽培。蛇瓜的全生育期180～200天。

食用价值及方法： 蛇瓜性凉，入肺、胃、大肠经，能清热化痰，润肺滑肠。含有丰富的碳水化合物、维生素和矿物质，肉质松软，清暑解热，利尿降压。瓜以嫩果实为蔬，有一种轻微的臭味，但是煮熟以后则变为香味，微甘甜。可炒食、做汤，别具风味。

11. 苦瓜

学名： *Momordica charantia* L.

别名： 癞葡萄、凉瓜、癞瓜

生长周期： 一年生攀援状柔弱草本植物

起源： 原产于东印度

栽培环境： 苦瓜要求较高的温度，耐热不耐寒，喜光不耐阴，喜湿怕雨涝，种子发芽适温30～35℃，开花结果适温20～25℃，属于短日照作物，要求有70%～80%的空气相对湿度和土壤相对湿度，结果盛期要求有充足的氮磷肥。

食用价值及方法： 苦瓜能增强皮层活力，使皮肤变得细嫩健美，粗提取物含类似胰岛素物质，有明显的降血糖作用，味苦，生则性寒，熟则性温。生食清暑泻火，解热除烦；熟食养血滋肝，润脾补肾，能除邪热、解劳乏、清心明目、益气壮阳。可炒食、凉拌或榨汁。

12. 瓠瓜

学名： *Lagenaria siceraria*（Molina）Standl. var. *hispida*

别名： 瓠子、甘瓠、甜瓠、净街槌、龙密瓜、天瓜、扁蒲、葫芦、蒲芦、夜开花

生长周期： 一年生攀缘草本植物

起源： 原产于印度及非洲

栽培环境： 瓠瓜适宜温暖湿润的环境，生长适温20～25℃，生长势强，茎叶生长量大，结果多，整个生长期需水量较大，要求透气性好、富含有机质的土壤，忌连作。在肥沃疏松、排灌方便的沙壤土上生长良好。生长期间需供给一定量的氮肥，结瓜期喜充足的磷、钾肥。生长前期喜湿润环境，开花结果期土壤和空气湿度不宜过高。瓠子不可与葫芦等混种，混种后花粉杂传结出的瓜内含一种葫芦碱物质，使瓠瓜味苦，有毒。

食用价值及方法：瓠瓜果实营养丰富，含有丰富的蛋白质以及多种微量元素，有助于提高机体的免疫力；含有多种维生素，尤其以维生素C含量为多，它能够促进抗体合成，起到提高机体抗病毒的能力；含胰蛋白酶抑制剂，具有降低血糖的作用。可用于辅助治疗水肿腹胀、烦热、口渴、黄疸、疮毒以及肾炎、肝硬化腹水等症。另有润肌肤的优点，能抗病毒并防癌。既可烧汤，又可炒菜；既能腌制，也能干晒；不可生吃。苦的瓠子不可食用，会引起食物中毒。

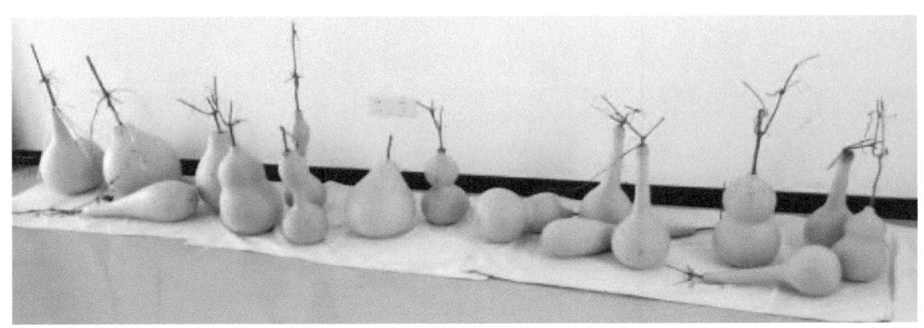

（三）茄科

1. 番茄

（1）普通番茄

学名： *Lycopersicon esculentum* Mill.

别名： 蕃柿、西红柿、洋柿子

生长周期： 一年生或多年生草本植物

类型： 按果实形状分为圆形、扁圆形、长圆形、尖圆形；按果皮颜色分为大红、粉红、橙红、黄色、绿色和紫色，按照果实大小分为大型果（单果重量大于150克）、中型果（单果重量100～149克）和小型果（单果重量小于100克）。

起源： 起源中心是南美洲的安第斯山地带

栽培环境： 番茄是喜温性蔬菜，最适温度为20～25℃，喜光，喜水，以土壤湿度60%～80%、pH值6～7为宜。

食用价值及方法：番茄含有丰富的胡萝卜素、维生素C和B族维生素，可以增强血管柔韧性，制止牙龈出血，增强抗癌能力，含有的番茄红素是一种抗氧化剂，其对有害游离基的抑制作用是维生素E的10倍左右。含有苹果酸和柠檬酸等有机酸，可增加胃液酸度，降低胆固醇的含量，对高血脂症很有益处。可以生食、煮食、加工制成番茄酱、汁或整果罐藏。

（2）樱桃番茄

学名： *Lycopersivon esculentum*. var. *cerasiforme* Alef.

别名： 袖珍番茄、迷你番茄

生长周期： 一年生草本植物

类型： 按形状分为圆形、椭圆形、梨形等，按颜色分为红色、黄色、紫色等。

起源： 起源中心是南美洲的秘鲁、厄瓜多尔、玻利维亚

栽培环境： 樱桃番茄生长发育适宜温度为20～28℃。幼苗期白天温度为20～25℃，夜间为10～15℃。开花坐果期，白天20～28℃，夜间15～20℃。果实发育期，白天为24～28℃，夜间为16～20℃，昼夜温差保持8～10℃。

食用价值及方法： 樱桃番茄既是蔬菜，又是水果，营养丰富，维生素含量是普通番茄的1.7倍，含有谷胱甘肽和番茄红素等

特殊物质，促进人体的生长发育，增加人体抵抗力，维生素B_3居果蔬之首，可保护皮肤，维护胃液的正常分泌，促进红细胞的生成，对肝病也有辅助治疗作用。

（3）梨形番茄

学名： *Lycopersicon esculentum* var. *pyriforme* Alef

别名： 红黄洋梨

生长周期： 一年生草本植物

栽培环境： 番茄形状为梨形，果重15～20克，果皮和果肉均为黄色，每穗可生8～10个，果实味道佳，生长强健，易栽培，无限生长。

食用价值及方法： 梨形番茄果形新奇、色彩艳丽、观赏性强、风味独特、市场俏销，是城市居民菜篮子的一种时令鲜食佳品。

（4）木本番茄

学名：*Cyphomandra betacea* Sendt.

别名：洋酸茄、树番茄、鸡蛋果

生长周期：多年生灌木植物

起源：原产于南美洲。我国云南南部及西藏自治区（全书简称西藏）南部有栽培。

栽培环境：木本番茄喜深厚、肥沃的土壤。种子繁殖，第一年不开花结果。亚热带可露地栽培，一般均在温室内栽培。

食用价值及方法：木本番茄性甘、平，入脾、胃二经，健脾益胃，成熟后酸甜适度，营养丰富，生食风味鲜美独特，果实富含果胶，制果酱、果冻均可，炒食亦佳，拌青辣子，佐以干鸡枞、大蒜、生姜、芫荽，是良好的家常菜。

2. 茄子

（1）食用茄子

学名： *Solanum melongena* L.

别名： 矮瓜、白茄、吊菜子、落苏

生长周期： 一年生草本植物

类型： 按形状分为圆茄、长茄，按颜色分为紫茄、绿茄、金茄子、白茄等。

起源： 原产于亚洲热带

栽培环境： 茄子喜高温，发育适温：白天为25～30℃，夜间15～20℃。在日照长、强度高的条件下，生育旺盛，产量高，着色佳。对氮肥的要求较高。

食用价值及方法： 茄子营养丰富，维生素P的含量很高，能增强人体细胞间的黏着力，防止微血管破裂出血；含磷、钙、钾等微

量元素和胆碱、龙葵碱等多种生物碱。尤其是紫茄的维生素含量更高；含维生素C和皂草苷，具有降低胆固醇的功效。既可炒、烧、蒸、煮，也可油炸、凉拌、做汤。

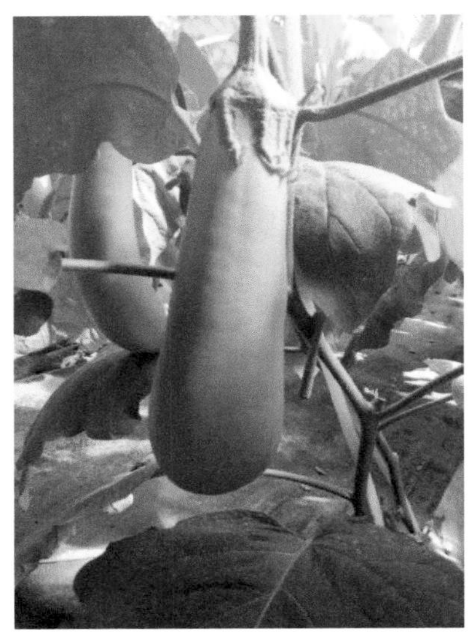

（2）金银茄

学名： *Solanum texanum*

别名： 鸡蛋茄、看茄、观赏茄、巴西茄

生长周期： 一年生草本植物

起源： 起源于中国

栽培环境： 金银茄喜温，不耐寒，要求土层深厚、保水性强、pH值5.8～7.3的肥沃土壤。发芽适温28～32℃，北方地区一般晚霜后定植，栽后充分灌水，夏季开花，加强追肥，管理上应注意通风透光。

观赏价值： 一般作盆栽，供观赏用。

（3）五指茄

学名： *Solanum mammosum* L.

别名： 黄金果、五代同堂果、乳头茄、乳香茄、多头茄

生长周期： 一年生直立草本植物

起源： 原产于美洲，现广东、广西及云南均引种成功。

栽培环境： 五指茄喜温暖、湿润和阳光充足环境，生长适温为15～25℃，有一定的耐寒性，怕水涝和干旱，能耐3～4℃的低温。宜肥沃、疏松和排水良好的沙质壤土。可以采用播种和扦插繁殖，在切花和盆栽花卉上应用广泛。

价值： 作为一种观果植物，一般是用作盆栽观赏或者切花观赏，也可以园林栽植观赏。具有一定的药理作用，入药或者外敷皆可，具有消炎止痛、清热解毒和消肿的作用。

3. 辣椒

（1）甜椒

学名： *Capsicum annuum* L. var. *grossum*（Willd.）Sendtn.

别名： 灯笼椒、柿子椒、菜椒

生长周期： 一年生草本植物

类型： 按颜色分为红色、黄色、紫色、绿色、橙色、白色等。

起源： 原产于中南美洲热带地区

栽培环境： 甜椒种子发芽的适宜温度为15～30℃，最适温度为25℃左右，生育最适温度：白天27～28℃，夜间18～20℃；对光照长短和光照强度的要求不严格；甜椒适宜基质相对湿度60%～70%，空气相对湿度70%～80%。

食用价值及方法： 甜椒是适合生吃的蔬菜，含丰富维生素C和维生素B及胡萝卜素，胡萝卜素为强抗氧化剂，可抗白内障、预防心脏病和癌症；可解热镇痛防癌，增加食欲且帮助消化降脂减肥。由于它翠绿鲜艳，被广泛用于配菜。

（2）辣椒

学名：*Capsicum annuum* L.

别名：牛角椒、长辣椒

生长周期：一年或多年生草本植物

类型：按形状分为长形、圆形等，按颜色分为绿色、红色、紫色等。

起源：原产于中拉丁美洲热带地区

栽培环境：辣椒适宜的温度为15～34℃，种子发芽适宜温度25～30℃，白天25～30℃，夜晚15～18℃最好，35℃时会造成落花落果。辣椒对条件水分要求严格，它既不耐旱也不耐涝，喜欢比较干爽的空气条件。

食用价值及方法：辣椒维生素C含量居蔬菜首位，维生素B、胡萝卜素以及钙、铁等矿物质含量丰富，能缓解胸腹冷痛，杀抑胃腹内寄生虫，控制心脏病及冠状动脉硬化；能刺激口腔黏膜，促进唾液分泌，促进消化；具有杀菌、防腐、调味、营养、驱寒等功能。可煎炒，煮食，研末或生食。

（3）观赏椒

学名： *Capsicum frutescens* var. *fasciculatum*

别名： 朝天椒、五色椒、佛手椒、樱桃椒、圣诞辣椒

生长周期： 一年生草本植物

类型： 按果实的颜色分，有红、黄、紫、橙、黑、白、绿色等类型；按果实的形状分，有羊角形、樱桃形、风铃形、枣形、指天形、灯笼形等类型。

起源： 原产于美洲热带地区

栽培环境： 观赏辣椒喜温、怕霜冻、忌高温；果实发育适温为25～28℃；属短日照植物，对光照要求不严，较为耐旱，水分过多会导致授粉不良，推迟结果。几乎在所有的土壤上都能够生长，在生长过程中要保持土壤足够的肥力。

食用价值及方法： 观赏椒有一般辣椒的食用价值，由于果实较小、颜色多样、果形奇特，主要作观赏用。

4. 香艳茄

学名： *Solanum muricatum*

别名： 香瓜茄、仙果、香艳梨、人参果、茄瓜

生长周期： 一年生草本植物

起源： 原产于南美洲亚热带地区

栽培环境： 香艳茄是喜温作物，较耐高温，结果期适宜温度为25～30℃；对光周期长短的反应不敏感，只要温度适宜，从春到秋都能开花、结实；根系发达，成株根系深达1.5米以上，横向直径超过1米，保护地栽培的茄瓜根系主要分布在0～30厘米的耕层内。

食用价值及方法： 香艳茄具有高蛋白、低糖、低脂特点，富含维生素C，以及多种人体所必需的微量元素，尤其是硒、钙的含量大大高于其他的果实和蔬菜。具有抗癌、抗衰老、降血压、降血糖、消炎、补钙、美容等功能；还可加工成果汁、饮料、口服液、罐头等产品，具有很大的开发价值。

5. 枸杞

学名： *Lycium chinense* Mill.

别名： 枸杞菜、甜菜子、红耳坠、地骨子

生长周期： 多年生分支灌木植物

起源： 原产于中国

栽培环境： 枸杞喜冷凉气候，耐寒力很强，植株耐−25℃越冬无冻害。根系发达，抗旱能力强，在干旱荒漠地仍能生长。多生长在碱性土和沙质壤土，最适宜土层深厚、肥沃的壤土。

食用价值及方法： 枸杞含有多种氨基酸，并含有甜菜碱、玉蜀黍黄素、酸浆果红素等特殊营养成分，具有多种保健功效，是卫生部批准的药食两用食物。适量食用有益健康，配合菊杞茶有清肝明目的效果。

（四）豆科

1. 菜豆

学名： *Phaseolus vulgaris* L.

别名： 四季豆、芸豆、架豆、刀豆、扁豆、荷包豆、玉豆、豆角

生长周期： 一年生草本植物

类型： 可分为蔓生、半蔓生或矮生

起源： 原产于美洲的墨西哥和阿根廷

栽培环境： 菜豆耐冷喜光，喜温，生长适宜温度为15～25℃，开花结荚适温为20～25℃，10℃以下低温或30℃以上高温会影响生长和正常授粉结荚；属短日照植物，但多数品种对日照长短的要求

不严格。根系发达，耐旱。

食用价值及方法：菜豆营养丰富，富含膳食纤维，钾、镁含量较高，适合心脏病、动脉硬化、低血钾症和忌盐患者食用。可炒、炖、腌等食用。

2. 豇豆

学名：*Vigna unguiculata*

别名：角豆、姜豆、带豆

生长周期：一年生缠绕、草质藤本或近直立草本植物

类型：按茎的类型分为矮性、半蔓性和蔓性3种

起源：原产于印度和缅甸，主要分布于热带、亚热带和温带地区

栽培环境：豇豆耐热，生长适温为20～25℃，属于短日照作物，对土壤适应性广，只要排水良好、土质疏松的田块均可栽植，结荚期要求肥水充足。

食用价值及方法：豇豆富含维生素B、维生素C和植物蛋白质，维持正常的消化腺分泌和胃肠道蠕动的功能，抑制胆碱酶活性；含磷脂有促进胰岛素分泌，参加糖代谢的作用；性甘、淡、微温，化湿而不燥烈，健脾而不滞腻，为脾虚湿停常用之品。可炒食，炝拌。

3. 豌豆

学名：*Pisum sativum* L.

别名：青豆、麦豌豆、寒豆、麦豆、雪豆、毕豆、麻累

生长周期：一年生攀缘草本植物

类型：按种子形状分为圆粒和皱粒2种类型

起源：豌豆原产于地中海和中亚细亚地区

栽培环境：豌豆为半耐寒性作物，喜温和湿润的气候，苗期适宜温度为15～20℃，属长日照植物，南种北移会加速成熟，对土壤要求不严，适宜的土壤pH值为5.5～6.7。

食用价值及方法：豌豆营养丰富，含铜、铬等微量元素较多，铜有利于造血以及骨骼和脑的发育，铬有利于糖和脂肪的代谢，能维持胰岛素的正常功能；所含的胆碱、蛋氨酸有助于防止动脉硬化；所含植物血球凝集素能凝集人体的红细胞；能激活肿瘤病人的淋巴细胞，有防治肿瘤的作用。可炒、煮等。

紫色豌豆

4. 蚕豆

学名： *Vicia faba* L.

别名： 南豆、胡豆、竖豆、佛豆

生长周期： 一、二年生草本植物

起源： 原产于欧洲地中海沿岸，亚洲西南部至北非。

栽培环境： 蚕豆喜冷凉，但畏暑，幼苗可耐-4℃低温，营养生长期所需温度较低，最低温度为14～16℃，开花结实期要求温度16～22℃，虽然蚕豆依靠根瘤菌能固定空气中的氮素，但仍需要从土壤中吸收大量的各种元素供其生长，缺素则常出现各种生理病害。

食用价值及方法： 蚕豆营养价值丰富，含8种人体必需的氨基酸，含蛋白质、碳水化合物、粗纤维、磷脂、胆碱、维生素B_1、维生素B_2和钙、铁、磷、钾等多种矿物质，尤其是磷和钾含量较高。医学认为，蚕豆味甘、微辛，归脾、胃经，有治疗脾胃不键、水肿等病症的功效。可煮、炒、油炸，也可浸泡后剥去种皮炒菜或做汤。

5. 刀豆

学名： *Canavalia gladiata* DC.

别名： 挟剑豆、葛豆、刀豆角、刀板豆

生长周期： 一年生缠绕性草本植物

类型： 分为蔓生和矮生2种类型

起源： 原产于美洲热带地区，西印度群岛

栽培环境： 刀豆喜温暖，不耐寒霜。对土壤要求不严，但以排水良好而疏松的壤土栽培为好。

食用价值及方法： 刀豆含有尿毒酶、血细胞凝集素、刀豆氨酸等；嫩荚中含有刀豆赤霉Ⅰ和Ⅱ等，有治疗肝性昏迷和抗癌的作用，可增强大脑皮质的抑制过程，使神志清晰，精力充沛；增强抗体免疫力，提高人的抗病能力；所含刀豆赤霉素和刀豆血球凝集素能刺激淋巴细胞转变成淋巴母细胞，具有抗肿瘤作用；刀豆嫩荚食用，可作鲜菜炒食，亦可腌制酱菜或泡菜。

6. 四棱豆

学名： *Psophocarpus tetragonolobus*（L.）DC.

别名： 翼豆、翅豆、四角豆、杨桃豆、果阿豆、尼拉豆、皇帝豆、香龙豆

生长周期： 一年或多年生缠绕性草本植物

类型： 按种皮分为白色、黄色、绿色、褐色、黑褐色和黑色等

起源： 原产地东南亚和热带非洲

栽培环境： 四棱豆适于较温暖及潮湿的环境，日平均温度在25℃左右，相对湿度在70%左右；属于短日照植物，长日照条件下则营养生长旺盛而不能开花结荚；有一定的抗旱能力，以肥沃的沙壤土为宜。

食用价值及方法： 四棱豆富含蛋白质、维生素、多种矿物质，被称作“绿色金子”；含多种氨基酸，且氨基酸组成合理，其中赖氨酸含量比大豆还高；是补血、补钙、补充营养的极好来源，属保健型蔬菜。四棱豆嫩荚可炒食、凉拌，或盐渍，或制酱菜。嫩叶可炒食、做汤，脆嫩爽口。每100克块根含碳水化合物27～31克、粗蛋白质11～15克，可炒食，或制干片、淀粉。干豆粒可炼油或烘烤食用。

7. 扁豆

学名： *Lablab purpureus*

别名： 蛾眉豆、眉豆

生长周期： 一年生或多年生草本植物

起源： 原产于印度及东南亚

栽培环境： 扁豆喜温暖较耐热，发芽期适温22～23℃，生长发育适温18～30℃，嫩荚发育适温为21℃，既能忍耐35℃的高温，也能耐短期霜冻。根系深，较耐旱，耐涝性差，对土壤要求不严，以沙壤土为好。

食用价值及方法： 扁豆营养丰富，包括蛋白质、脂肪、糖类、钙、磷、铁及食物纤维、维生素B族等，所含磷脂有促进胰岛素分泌、参加糖代谢的作用，是糖尿病人的理想食品。李时珍称“此豆可菜、可果、可谷，备用最好，乃豆中之上品”。注意，扁豆必须煮食用，否则可能会出现食物中毒现象，引起溶血症。

8. 藜豆

学名： *Stizolobium capitatum* Kuntze.

别名： 狗古豆、狗爪豆、虎爪豆、猫爪豆、龙爪黎豆、龙爪豆

生长周期： 一年生缠绕草本植物

起源： 原产于亚洲南部和东部

栽培环境： 藜豆生长环境为亚热带区，属喜温暖湿润气候的短日照植物，具有耐瘠、耐旱等特点，但不耐涝、不耐霜冻。屋前屋后、田间地头等处均可种植。在10℃以上发芽，20～30℃生长迅速，全生育期210天左右。

食用价值及方法： 藜豆嫩荚和种子有轻微毒素，毒性与四季豆相当，食用前必须经过去毒处理。在豆荚成熟的时候采摘，经过水煮、浸泡等去毒处理后，晒干脱水做成干货存放，冬天取出发泡后煮食，味道鲜美，有补肾强身的功效。

9. 莱豆

学名：*Phaseolus lunatus* L.

别名：利马豆、哈巴豆、洋扁豆、缅甸豆、仰光豆、马达加斯加豆

生长周期：一年生或多年生草本植物

起源：小粒型起源于墨西哥沿太平洋沿岸的丘陵地带；大粒型起源于秘鲁

栽培环境：莱豆要求较温暖且稳定的气候，月平均气温以16～27℃为好，对土壤要求不严，在瘠薄地上也能正常生长，以排水和通气良好土壤为宜，适宜的土壤pH值为6～7。

食用价值及方法：莱豆营养丰富，富含膳食纤维，可降低胆固醇，含有矿物质元素——钼，可解除亚硫酸盐的毒害；富含蛋白质，可与糙米或全麦面粉替代部分肉类。鲜籽粒可作蔬菜，味美香糯，干籽粒做主食或罐头食品。

10. 菜苜蓿

学名： *Medicago hispida* Gaertn

别名： 金花菜、草头、南苜蓿、黄花苜蓿、刺苜蓿

生长周期： 二年生草本植物

起源： 原产于印度

栽培环境： 菜苜蓿种子发芽适宜温度为20℃，水分适宜条件下，播后4～6天出苗。不耐瘠，增施磷、钾肥的效果十分显著。菜苜蓿对土壤的适应性较强，但以富含有机质、保水保肥力强的黏土或冲积土最好。

食用价值及方法： 富含维生素、胡萝卜素，性味甘、平、涩，无毒。利大小肠，安中，和胃，舒筋活络。可炒食、腌渍及拌面蒸食。

（五）菊科

1. 莴苣

学名：*Lactuca sativa* L.

别名：千金菜

生长周期：一年生或二年生草本植物

类型：包括叶用莴苣和茎用莴苣两类4个变种

起源：原产地中海沿岸和亚洲西部，中国各地均有栽培。

（1）茎用莴苣（莴笋）

学名：*Lactuca sativa* L. var. *angustana* Bailey

别名：青笋，莴苣笋、莴菜、香莴笋、千金菜

生长周期：一、二年生草本植物

类型：根据莴笋叶片形状可分为尖叶和圆叶2个类型

栽培环境：莴笋喜冷凉、不耐高温，15～20℃茎叶生长良好，根系浅、吸收能力弱，夏季植株生长迅速、需肥水较多，故田间管理应重施肥水，以利植株长势繁茂，对土壤的酸碱性反应敏感，适合在微酸性的土壤中种植。

食用价值及方法：莴笋营养丰富，含丰富的磷与钙，对促进骨骼的正常发育，预防佝偻病有一定效果；含钾量较高，莴笋叶有利于血管张力，改善心肌收缩力，加强利尿等。为了减少营养成分损失，最好洗净生拌吃，宜少煮、少炒。

（2）叶用莴苣

学名： *Lactuca sativ*a var. *crispa* L.

别名： 生菜、鹅仔菜、莴仔菜、唛仔菜

生长周期： 一年生或二年生草本植物

类型： 依叶的生长形态可分为散叶、直立和结球莴苣。

起源： 原产于欧洲地中海沿岸，由野生种驯化而来

栽培环境： 叶用莴苣喜冷凉环境，生长适宜温度为15～20℃，根系发达，叶面有腊质，耐旱力颇强，但在肥沃湿润的土壤上栽培，产量高，品质好。土壤pH值以5.8～6.6为适宜。

食用价值及方法： 叶用莴苣营养丰富，含有大量β胡萝卜素、抗氧化物、维生素B_1、维生素B_6、维生素E、维生素C、膳食纤维素和微量元素。性甘凉，茎叶中含有莴苣素，味微苦，有清热提神、镇痛催眠、降低胆固醇、辅助治疗神经衰弱等功效。

（3）结球莴苣

学名： *Lactuca sativa* var. *capitata* L.

别名： 结球生菜、球莴苣、包心莴苣、卷心莴苣菜

生长周期： 一年、二年或多年生草本植物

起源： 原产于欧洲

栽培环境： 结球莴苣喜冷凉，忌高温，稍能耐霜冻。喜光，不耐旱，对土壤水分敏感，需保持土壤湿润。需肥量较大，喜微酸性土壤，适宜土壤pH值为6.0左右。

食用价值及方法： 结球莴苣质地脆嫩，味苦中带甜，叶富含维生素A、维生素B_1、维生素B_2、维生素C和维生素P，富含铁盐、钙、磷，有较高的营养价值。茎叶含有莴苣素，有镇痛催眠的作用。此外具有利尿通乳、强壮机体、防癌抗癌、宽肠通便等作用，主治脘腹痞胀、食欲不振、大便秘结、消化不良、食积停滞、消渴病症。可生食、凉拌、炒，是一种常见的蔬菜。

2. 苣荬菜

学名： *Sonchus arvensis* L.

别名： 苦苣菜、取麻菜、曲曲芽、败酱草

生长周期： 多年生草本植物

栽培环境： 由于苣荬菜耐盐碱的特性，可生长于盐碱土地、山坡草地、林间草地、潮湿地或近水旁、村边或河边砾石滩等地均可生长。

食用价值及方法： 苣荬菜嫩茎叶含水分88%、蛋白质3%、脂肪1%，氨基酸17种，其中精氨酸、组氨酸和谷氨酸含量最高，对浸润性肝炎有一定疗效。具有清热解毒、凉血利湿、消肿排脓、祛瘀止痛、补虚止咳的功效。我国东北食用多为蘸酱生食，西北食用多为包子、饺子馅、拌面或加工酸菜，华北食用多为凉拌和面蒸食。

3. 小蓟

学名： *Cirsium setosum*（Willd.）MB.

别名： 刺儿菜、青刺蓟、千针草、刺蓟菜

生长周期： 多年生草本植物

栽培环境： 小蓟喜温暖湿润气候，耐寒、耐旱。适应性较强，对土壤要求不严。早春2—3月播种，穴播按行株距20厘米×20厘米开穴，将种子用草木灰拌匀后播入穴内，覆土，浇水。经常保持土壤湿润至出苗。6—7月待花苞枯萎时采种，晒干，备用。

食用价值及方法： 小蓟全株含胆碱、儿茶酚胺类物质、皂苷、生物碱等成分。刻叶刺儿菜全草含挥发油、菊糖、生物碱、黄酮类、香豆精衍生物等成分。能收缩血管、缩短凝血时间，用于血热所致的咯血、吐血、便血、尿血，或崩漏出血，热毒疮肿，烦热口渴。一般秋季采根，除去茎叶，洗净鲜用或晒干切段用；春、夏采幼嫩的全株，洗净鲜用。

4. 蒲公英

学名： *Taraxacum mongolicum* Hand.-Mazz.

别名： 黄花地丁、婆婆丁、华花郎

生长周期： 多年生草本植物

来源于网络

栽培环境： 蒲公英既耐寒又耐热，适宜生长温度为10～25℃。同时，也耐旱、耐酸碱、抗湿、耐阴。种子发芽适温为15～25℃，叶生长适温为20～22℃。可在各种类型的土壤上生长，但最适在肥沃、湿润、疏松、有机质含量高的土壤栽培。属短日照植物，高温短日照条件下有利于抽薹开花。较耐阴，但光照条件好，有利于茎叶生长。

食用价值及方法： 蒲公英富含维生素A、维生素C及钾，也含有维生素B_1、维生素B_6、铁、钙、镁、叶酸及铜。含有蒲公英醇、蒲公英素、胆碱、有机酸、菊糖等多种健康营养成分。性味甘，微苦，寒，归肝、胃经。有利尿、缓泻、退黄疸、利胆等功效。可生吃、炒食、做汤，是药食兼用的植物。

5. 茼蒿

学名： *Chrysanthemum coronarium* L.

别名： 同蒿、蓬蒿、蒿菜、菊花菜、塘蒿、蒿子秆、蒿子、桐花菜、鹅菜

生长周期： 一年生或二年生草本植物

类型： 依其叶片大小、缺刻深浅不同，分为大叶种和小叶种两大类型

起源： 原产于地中海沿岸

栽培环境： 茼蒿属半耐寒性蔬菜，喜冷凉温和，不耐高温，生长适温20℃左右，对光照要求不严，一般以较弱光照为好。属短日照蔬菜，在长日照条件下，营养生长不能充分发展，很快进入生殖生长而开花结籽。

食用价值及方法： 茼蒿富含维生素、胡萝卜素及多种氨基酸，可养心安神、降压补脑，清血化痰，润肺补肝，稳定情绪，防止记忆力减退；含有特殊香味的挥发油，有助于宽中理气。所含粗纤维有助肠道蠕动，通腑利肠。

来源于网络

6. 菊芋

学名： *Helianthus tuberosus*

别名： 洋姜、鬼子姜

生长周期： 多年生宿根性草本植物

起源： 原产于北美洲

栽培环境： 菊芋耐寒抗旱，块茎在-30℃的冻土层中可安全越冬。温度18～22℃，光照12小时，有利于块茎形成。耐瘠薄，对土壤要求不严，一些不宜种植其他作物的土地，如废墟、宅边、路旁都可生长。

食用价值及方法： 菊芋粉主要成分为菊糖、粗纤维及丰富的矿物质，菊糖可治疗糖尿病，其对血糖具有双向调节作用。菊芋粉及低聚果糖具有超强增殖人体双歧杆菌的作用，是对人体有益的功能性物质，可调节机体平衡、恢复胃肠道功能、促进新陈代谢、预防各种疾病。

7. 菊薯

学名： *Smallanthus sonchifolius*

别名： 雪莲果

生长周期： 多年生草本植物

起源： 原产于南美洲的安地斯山脉

栽培环境： 菊薯特别适应于生长在海拔1 000～2 300米的沙质土壤上，喜光照，喜欢湿润土壤，生长期约200天，生长适温为20～30℃，在15℃以下生长停滞，不耐寒冷，遇霜冻茎枯死。

食用价值及方法： 菊薯是根茎类蔬菜，含有丰富的水分与果寡糖，尝起来既甜又脆，可当作水果食用，生食、炒食或煮食，口感脆嫩、味微甜、爽口。

8. 牛蒡

学名： *Arctium lappa* L.

别名： 恶实、大力子、东洋参，东洋牛鞭菜等

生长周期： 二年生草本植物

起源： 原产于亚洲

栽培环境： 牛蒡喜温暖，既耐热又耐寒。种子发芽以及植株生长的适宜温度为20～25℃；属长日照植物，要求有较强的光照条件；需水较多，土壤以有机质含量丰富，土层深厚，pH值6.5～7.5为宜。

食用价值及方法： 牛蒡含菊糖、纤维素、蛋白质、钙、磷、铁等人体所需的多种维生素及矿物质，富含类胡萝卜素，具有清除体内垃圾、促进细胞活性、增强人体免疫力等作用；富含人体必需的各种氨基酸，尤其是具有特殊药理作用的氨基酸含量高，如具有健脑作用的天门冬氨酸，占总氨基酸的25%～28%，是我国出口创汇的主要保健蔬菜之一，一般以炖汤为主，也可切丝凉拌成怪味牛蒡小菜，或与胡萝卜、香芹清炒成三丝牛蒡，也独具特色。

9. 朝鲜蓟

学名： *Cynara scolymus* L.

别名： 食托菜蓟、球蓟、法国百合

生长周期： 多年生草本植物

起源： 原产于地中海地区

栽培环境： 朝鲜蓟喜冬暖夏凉气候，耐轻霜，忌干热。植株生长最适温13～17℃，营养生长期及抽薹现蕾期要求阳光充足，宜选肥沃疏松、排水良好、持水力强的壤土或黏壤土栽培。

食用价值及方法： 朝鲜蓟可鲜食，可盐渍、速冻或加工成罐头产品；花苞外苞片可制成保健茶。朝鲜蓟鲜嫩的花序，可煮汤、做菜，有蟹肉的鲜香风味，含丰富的维生素和矿物质，热量低，是高档蔬菜。叶可酿酒或加工饲料。

10. 紫背天葵

学名： *Gynura bicolor* DC.

别名： 天葵秋海棠、散血子、龙虎叶、水三七，血皮菜、红凤菜

生长周期： 多年生宿根草本植物

起源： 原产于中国、马亚西亚

类型： 根据叶色分为红凤菜和白凤菜

栽培环境： 紫背天葵性喜温暖湿润，耐高温多雨，也耐旱、耐瘠薄，在阳光充足条件下生长健

壮，但又较耐阴，生长适温为20～25℃，可耐3℃的低温。

食用价值及方法：紫背天葵是一种集营养保健价值与特殊风味为一体的高档蔬菜，富含造血功能的铁素、维生素A原、黄酮类化合物及酶化剂锰元素，具有活血止血、解毒消肿等功效；富含黄酮苷成分，可延长维生素C的作用，减少血管紫癜；具有治疗咳血、血崩、痛经、支气管炎、盆腔炎及缺铁性贫血等病症的功效，可作为一种补血的良药，是产后妇女食用的主要蔬菜之一。有特殊的鱼腥味，可以凉拌、做汤或者和其他原料合烹，尤以辣椒炝炒风味最佳。

白凤菜

11. 食用菊花

学名：*Dendranthema morifolium*（Ram.）Tzvel.

别名：甘菊、臭菊

生长周期：多年生宿根草本植物

起源：起源于中国

栽培环境：食用菊花的适应性很强，喜冷凉，较耐寒，不耐高温，生长适温18～21℃。适宜地势高燥、排水良好、土层深厚肥沃富含腐殖质的壤土或沙壤土栽培，pH值6.2～6.7较好。短日照植物，要求光照充足，春暖萌芽，初秋自枝梢生花蕾，10月开花。

食用价值及方法：菊花集观赏、药用和食用为一体，花瓣中含有17种氨基酸，其中谷氨酸、天冬氨酸、脯氨酸等含量较高，富含维生素及铁、锌、铜、硒等微量元素，是上等的保健蔬菜。有清热解毒、平肝明目之功效。可凉拌鲜食、干食、软炸、做馅、涮锅熟食或做汤。

12. 蒌蒿

学名：*Artemisia selengensis* Turcz. ex Bess.

别名：芦蒿、水蒿、柳叶蒿、藜蒿、香艾、小艾、水艾

生长周期：多年生草本植物

起源：原产于亚洲，我国中南、西南、华北地区均有分布

栽培环境：蒌蒿喜温暖，耐湿不耐旱，耐肥。以排水良好的沙质壤土生长为好，对光照要求不严，但在营养生长期要求有充足的阳光，有利于植株生长，叶片肥大。短日照有利于开花。

食用价值及方法：蒌蒿以鲜嫩茎秆供食用，营养丰富，富含硒、锌、铁等多种微量元素，硒是人体极为重要的微量元素，锌具有补脑、防衰老的功效。根性凉，味甘，叶性平，平抑肝火，可治胃气虚弱、浮肿及河豚中毒等病症以及预防牙病、喉病和便秘等功效；嫩茎及叶作菜蔬或腌制酱菜。芦蒿抗逆性强，很少发生病虫害，是冬春中国江南一些市场供应的主要野菜品种之一。

13. 鬼针草

学名： *Bidens bipinnata* L.

别名： 婆婆针、鬼钗草、虾钳草、蟹钳草、对叉草、粘人草、粘连

生长周期： 一年生草本植物

起源： 原产于中国

来源于网络

栽培环境： 鬼针草喜温暖湿润气候，以疏松肥沃、富含腐殖质的沙质壤土及黏壤土为宜。以种子繁殖，一般4月中旬至5月种子发芽出苗，温度要求18～21℃，经10～15天出苗，5月上、中旬为出苗高峰期，8—10月为结实期。种子可借风、流水与粪肥传播，经越冬休眠后萌发。

药用价值及方法： 鬼针草为中国民间常用草药，性温，味苦，无毒，全草均可入药，具有清热、解毒、散瘀、消肿等功效，民间常用它治疗肠炎、痢疾等疾病。

14. 婆罗门参

学名： *Tragopogon pratensis* L.

别名： 西洋牛剪

生长周期： 二年生草本植物

起源： 原产于东部地中海地区

栽培环境： 婆罗门参适应性较强，既耐寒、又抗热，盛夏35℃可正常生长，地下部耐-17℃低温，翌春复生。土壤宜选择土层深厚、疏松肥沃的壤土或沙壤土，喜中性或偏碱性土壤，生长期需较多钾肥。在肉质根膨大期需水较多，土壤湿度要求维持在65%～80%。

食用价值及方法： 婆罗门参的肉质根以鲜食为佳，有浓郁的牡蛎香味，被称为“蔬菜牡蛎”，可以烤、炖、炸或做汤等。其中以切薄片挂蛋糊油炸味道鲜美，似鲜炸牡蛎。其嫩叶可做沙拉或炒食。

15. 菊苣

学名： *Cichorium intybus* L.

别名： 苦苣、苦菜、卡斯尼、皱叶苦苣

生长周期： 多年生草本植物

类型： 分为皱叶菊苣和宽叶菊苣

起源： 起源于地中海地区

栽培环境： 菊苣属半耐寒性植物，生长适温为17～20℃，需湿润的环境，保持田间见湿见干，需充足的光照肉质根才能长得充实。菊苣对土壤的酸碱性适应力较强，宜选择肥沃疏松的沙壤土种植。

食用价值及方法： 菊苣为药食两用植物，叶可生食，根含菊糖及

芳香族物质，可提制代用咖啡，促进人体消化器官活动。植株的地上部分及根还可供药用，具有清热解毒、利尿消肿、健胃等功效。

软化菊苣　　来源于网络

16. 苦苣

学名： *Cichorium endivia* L.

别名： 花叶生菜

生长周期： 一、二年生草本植物

类型： 分为碎叶和阔叶2个变种

起源： 原产于印度和欧洲南部

栽培环境： 苦苣喜冷凉湿润环境，发芽适温为15～20℃，叶片旺盛生长适温为15～18℃，耐寒耐旱性强，在长日照条件下抽薹开花，光照充足利于植株生长，整个生长期需要充足的水分，对土壤的酸碱性适应力较强，宜选择肥沃疏松的壤土。

食用价值及方法： 苦苣口感脆嫩，略带苦味，营养丰富，不仅含有丰富的胡萝卜素、维生素C以及钾盐、钙盐等，可防治贫血、消暑保健；还含有蒲公英甾醇、胆碱等成分，可清热解毒、杀菌消炎。既可生食凉拌，也可煮食或做汤。

17. 马兰

学名： *Kalimeris indica*（L.）Sch.-Bip.

别名： 马兰头、紫菊、田边菊、竹节草

生长周期： 多年生草本植物

类型： 按叶片颜色分为绿色和紫红色2种类型

起源： 原产于亚洲南部和东部

栽培环境： 马兰喜冷凉湿润的环境，种子发芽适温为20～25℃，植株生长适温15～25℃，抗寒性和耐热性较强，对土壤要求不严，光照充足利于植株生长，宜选肥沃疏松和湿润的壤土种植，有利于提高其产量和品质。

食用价值及方法： 富含维生素C、胡萝卜素及钾、钙等矿质元素，具有特殊清香味，味辛，性平，有清热解毒、止血、利尿、消肿除湿热之功效。可凉拌、炒食或做汤。

（六）伞形科

1. 胡萝卜

学名： *Daucus carota* L. var. *sativa* Hoffm.

别名： 红萝卜、药性萝卜、丁香萝卜、甘荀

生长周期： 二年生草本植物

类型： 依据肉质根的长度分为长根类型和短根类型

起源： 原产于亚洲的西南部，阿富汗为最早的演化中心

栽培环境： 胡萝卜喜欢冷凉气候，适宜生长温度是15～25℃，喜欢较强的光照和相对干燥的空气条件，土壤要求干湿交替，水分充沛，并疏松、通透、肥沃。

普通胡萝卜　　鞭杆红胡萝卜

食用价值及方法： 胡萝卜是一种质脆味美、营养丰富的家常蔬菜，素有“小人参”之称。富含糖类、脂肪、挥发油、胡萝卜素、维生素A、维生素B_1、维生素B_2、花青素、钙、铁等营养成分；含有大量胡萝卜素，有助于增强机体的免疫功能，预防上皮细胞癌变；含有琥珀酸钾盐，有防止血管硬化、降低胆固醇及降低血压的作用。可炒食、鲜食。

2. 叶用芹菜

学名： *Apium graveolens* L.

别名： 芹、胡芹、药芹

生长周期： 二年生草本植物

类型： 分为西芹和本芹

西芹

起源： 原产于地中海沿岸的沼泽地带

栽培环境： 芹菜性喜冷凉、湿润的气候，属半耐寒性蔬菜，不耐高温，最适温度15～20℃，15℃以下发芽延迟，30℃以上几乎不发芽，西芹抗寒性较差，幼苗不耐霜冻，完成春化的适温为12～13℃。

食用价值及方法： 芹菜富含蛋白质、碳水化合物、胡萝卜素、B族维生素、矿物质等，其叶片中的营养成分高于茎，其中胡萝卜素、视黄醇当量均是番茄的5.3倍，维生素的总量是番茄的4.3

倍，大多数微量元素的含量也比番茄高。芹菜具有平肝清热、祛风利湿、解毒宣肺、健胃利血、清肠利便、润肺止咳、降低血压、健脑镇静的功效。常吃芹菜，对预防高血压、动脉硬化等都十分有益，并有辅助治疗作用。可炒食或凉拌。

本芹

3. 根芹菜

学名： *APium graveolens* L. var. *rapaceum* DC.

别名： 根洋芹、球根塘蒿

生长周期： 二年生草本植物

起源： 原产于地中海沿岸的沼泽盐渍土地，由叶用芹菜演变形成。

栽培环境： 根芹菜喜冷凉湿润的气候条件，适宜的生长温度为20℃左右，25℃以上生长缓慢。根芹菜适于湿润、有机质丰富、疏松肥沃的壤土。

食用价值及方法： 根芹菜的肉质根和叶柄均可供菜食用，质脆嫩，有芹菜的药香味；其榨出的汁液可作药用，具有降血压、镇静等作用。根芹菜以脆嫩的肉质根和叶柄供食，炒、煮、凉拌均可，也可作为汤菜的调料。

4. 水芹

学名： *Oenanthe javanica*

别名： 刀芹、楚葵、蜀芹

生长周期： 多年生宿根性水生草本植物

类型： 分为圆叶和尖叶2种类型

起源： 原产于中国和东南亚

栽培环境： 水芹喜冷凉，较耐寒，不耐热，生长适温12～24℃，要求土壤肥沃、土层深厚的壤土或黏壤土，生长期间经常保持土壤湿润。

食用价值及方法： 水芹富含粗纤维、维生素C、矿物质及挥发油，可炒食亦可凉拌。

5. 芫荽

学名： *Coriandrum sativum* L.

别名： 胡荽、香菜、香荽

生长周期： 一、二年生草本植物

类型： 有大叶和小叶2个类型

起源： 原产于地中海沿岸及中亚地区

栽培环境： 芫荽能耐-1～2℃的低温，适宜生长温度为17～20℃，超过20℃生长缓慢，30℃则停止生长；对土壤要求不严，适宜结构好、保肥保水性能强、有机质含量高的土壤。

食用价值及方法： 芫荽营养丰富，含维生素C、胡萝卜素、维生素B_1、B_2及矿物质等。维生素C含量比普通蔬菜高得多，胡萝卜素要比番茄、黄瓜等高出10倍多。性温，味辛，具有发汗透疹、消食下气、醒脾和中之功效。芫荽含有许多挥发油，能散发特殊香味，常被用作菜肴的点缀、提味之品。

6. 茴香

学名：*Foeniculum* Mill.

别名：怀香、香丝菜，小茴香

生长周期：多年生草本植物

类型：可分为大茴香（*Foeniculum vulgare* Mill. var. *azoricum*）、小茴香（*Foeniculum vulgare* Mill.）、球茎茴香（*Foeniculum vulgare* Mill. var. *dulce* Batt. et Trab.）

起源：原产于地中海地区

栽培环境：茴香喜冷凉、湿润、阳光充足的环境，适宜的生长温度为17～20℃，耐热、耐寒，属直根系喜钾植物，根系发达，入土深，叶细丝状，抗干旱，耐盐碱，怕阴雨，适应性强，对土壤要求不严，但在中等肥沃的地块上生长较好。

食用价值及方法：茴香含有丰富的维生素B_1、维生素B_2、维生素B_3、胡萝卜素以及纤维素，导致它具有特殊的香辛气味的是茴香油，可以刺激肠胃的神经血管，具有健胃理气的功效，所以它是搭配肉食和油脂的绝佳蔬菜。小茴香是重要的药用植物，其果实是重要的中药，味辛性温，具有行气止痛、健胃散寒的功效。多用来做包子或饺子馅。

7. 球茎茴香

学名： *Foeniculum vulgare* var. *dulce* Batt. et Trab.

别名： 结球茴香、甜茴香

生长周期： 一年生草本植物

类型： 按球形分为扁球形和圆球形

起源： 原产于意大利南部，主要分布于地中海沿岸和西亚

栽培环境： 球茎茴香喜冷凉气候，在旬平均气温10～22℃条件下生长良好。整个生长期对水分要求严格，应保持土壤湿润，尤其在苗期及叶鞘膨大期田间最大持水量的80%为好。属长日照植物，喜保水保肥、通透性好的沙壤土，pH值适宜范围5.0～7.0。

食用价值及方法： 球茎茴香含茴香醚、茴香酮、茴香醛等挥发油，富有辛香气味，含胡萝卜素、维生素C和各种人类必需的氨基酸，营养价值较高，能促进胃肠蠕动和帮助消化，是良好的减肥蔬菜。可凉拌、生食或炒食。

8. 莳萝

学名： *Anethum graveolens* L.

别名： 土茴香、草茴香

生长周期： 一、二年生草本植物

起源： 原产于地中海沿岸

栽培环境： 莳萝性喜阳光，适宜排水良好的沙壤土，pH值5.0～6.5。

食用价值及方法： 莳萝富含芳香油，绿叶中含精油0.15%，果实中含油高达3%～4%，精油中含有茴香酮、柠檬萜等成分，可杀菌灭菌、预防上呼吸道感染，还有健脾、开胃、消食以及镇静、治失眠等功效；含有丰富维生素、蛋白质、矿物质、微量元素等，青苗和嫩叶可作蔬菜食用，素炒或凉拌均别有风味，也可切碎放置于鱼、肉、蛋等荤菜上，可烘焙面包、做汤。

茴香与莳萝的区别：

叶形——茴香是茴香属，叶分布更为均匀分散，莳萝是欧芹属，叶片鲜绿色，呈羽毛状；

种子——茴香种子细圆形，分生果只有5个突起不明显的主棱，而莳萝种子扁平形，其瘦果除了主棱外还有两个翅状的侧棱，比茴香多了一条边儿；

味道——茴香味甘甜，莳萝具有辛香味；

作用——茴香的中药疗效比较明显，具有温阳散寒，理气止痛，主治胃寒呕吐、腰痛的功效；莳萝主要是用来做香料或者是榨油等使用，有促进消化之效用。

9. 鸭儿芹

学名： *Cryptotaenia japonica* Hassk.

别名： 三叶芹、山芹、野蜀芹

生长周期： 多年生宿根草本植物

类型： 分为大叶和小叶2种类型

起源： 原产于中国、日本、琉球及北美洲

栽培环境： 鸭儿芹的适生生长温度为日平均温度10～25℃，不耐高温，对光照强度要求较低，对土壤要求不严，适于有机质丰富、结构疏松、通气良好、环境阴湿、微酸性的沙质壤土。

食用价值及方法： 鸭儿芹以采摘嫩苗及嫩茎叶作蔬菜，具有特殊的芳香味，营养丰富，维生素含量较高，铁含量特高。全草入药，活血祛瘀、镇痛止痒，主治跌打损伤、皮肤瘙痒症，对身体虚弱、尿闭及肿毒等症有疗效。

10. 香芹

学名： *Petroselinum crispum*（mill.）Nym. ex. A. W. Hill

别名： 法国香菜、洋芫荽、荷兰芹、旱芹菜、番荽、欧芹

生长周期： 一、二年生草本植物

类型： 有皱叶和平叶2种类型

起源： 原产于地中海沿岸，欧美及日本栽培较为普遍

栽培环境： 香芹要求冷凉的气候和湿润的环境，生长适温15～20℃。长日照能促进花芽形成，需充足的光照。要求保水力强、富含有机质的肥沃壤土或沙壤土。对硼肥反应敏感，缺硼易发生裂茎。最适土壤pH值5～7。

食用价值及方法： 香芹是一种营养价值很高的芳香蔬菜，其中以胡萝素及微量元素硒含量较高。具有保健功效，有健胃、利尿、净血、调经、降压、镇静等作用。味清香、质甜脆，是凉拌、热炒的美味佳肴。

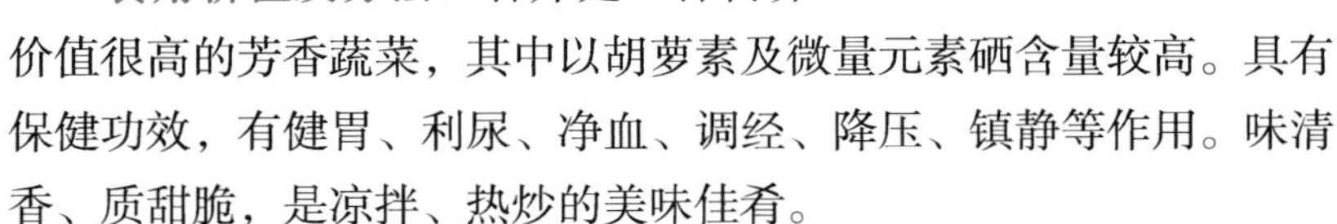

11. 美洲防风

学名： *Pastinaca sativa* L.

别名： 芹菜萝卜、蒲芹萝卜、欧独活、蘆菔

生长周期： 二年生草本植物

起源： 原产于欧洲和西亚

栽培环境： 美洲防风性喜冷凉气候，耐寒能力较强，也能耐高温。气温在0℃以下时，地上部分冻死，根部可再萌芽生长；怕旱忌湿，宜选择地势高、排水好、土层深厚的沙质壤土。

食用价值及方法： 美洲防风的肉质根中含高量的钾和磷，根味辛甘，性温，入膀胱、肝经，能散寒解表，并有祛风湿的作用。肉质根主要用于作肉汤或清汤，或用炖熟的肉质根与油、面包干调制做成具有独特风味的防风饼。也可煮食、炒食。幼嫩叶片需用沸水烫后再煮食或做沙拉。

12. 欧当归

学名： *Levisticum officinale* W. D. J. Koch

别名： 西洋当归、独活草，圆叶当归、保当归、情人香芹等

生长周期： 多年生草本植物

起源： 原产于亚洲西部

栽培环境： 欧当归喜温暖、湿润的环境，怕涝，较耐寒耐旱。生长适温20～22℃，适宜发芽温度为15～30℃，要求水分充足及土层深厚、肥沃的土壤。北方地区清明前后开始返青，6月初开花，花期长达30天，7月中旬种子成熟，落地后，在适宜条件下可发育成植株，年生育期180～200天。

药用价值及做法： 欧当归根的水浸膏及挥发油具抑制子宫节

律性收缩，对抗乙酰胆碱对子宫和肠道平滑肌的痉挛作用。无水乙醇提取物有雌激素样作用。欧当归不能替代当归使用。两者性味不同，当归性温，味甘微辛，尝之以甜为主；欧当归味辛多甘少，尝之以辣为主，易耗气伤阴，并无甘补作用。

当归与欧当归的鉴别方法：关键在于看根头的形态和尝味。当归一个身上仅有一个头，欧当归一个身上长有多个头（中央一个较大，周围较小），即使切成饮片，仍可从头端片子上辨其特征。另当归身较短（2～5厘米），欧当归身较长（10厘米以上）；当归尾较多而长，欧当归尾较少而短；当归断面类白色或淡黄棕色，有一浅棕色环纹，欧当归断面中心淡黄或黄白色，边缘显油晕状，无棕色环纹；当归气味清香、味甜微辛，欧当归气味香特殊、辛辣麻舌。若纯系尾部，则可尝味分别之，即其味微甜而后辛辣麻舌，持久不退的为欧当归。

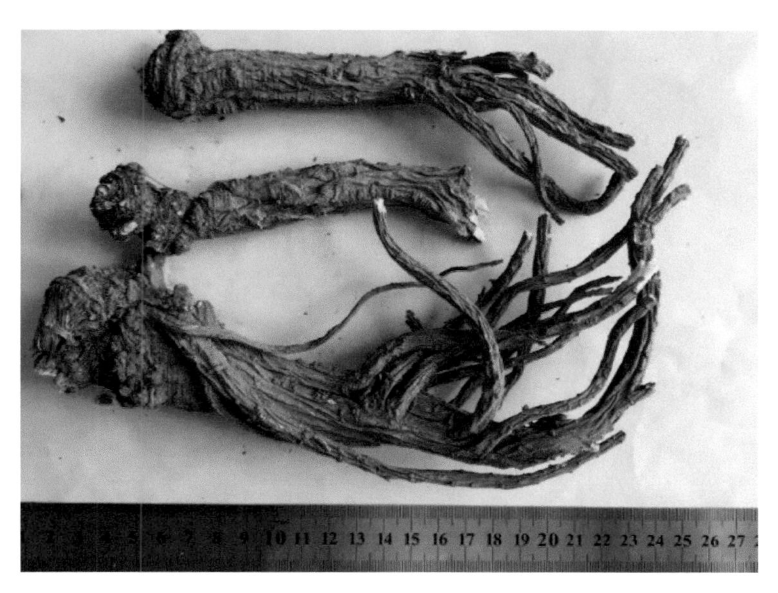

来源于数字本草中医药检测有限公司

（七）藜科

1. 菠菜

学名： *Spinacia oleracea* L.

别名： 波斯菜、赤根菜、鹦鹉菜

生长周期： 一、二年生草本植物

类型： 按种子形态可分为有刺种与无刺种2个变种

起源： 原产于波斯（现伊朗地区）

来源于网络

栽培环境： 菠菜属耐寒蔬菜，营养生长适宜的温度15～20℃，是长日照作物，在高温长日照下易抽薹开花，以保水保肥力强、肥沃的土壤为好，菠菜不耐酸，适宜的pH值为7.3～8.2。

食用价值及方法： 菠菜有“营养模范生”之称，它富含类胡萝卜素、维生素C、维生素K、钙、铁多种营养素。含有大量的植物粗纤维，通肠导便，防治痔疮；菠菜含胡萝卜素是番茄的5倍多，能够促进人体生长发育，增强抗病能力；用来烧汤，凉拌，单炒，与配荤菜合炒或垫盘。

2. 根用甜菜

学名： Beta vulgaris L. var. *rapacea* L.

别名： 根萘菜、红菜头、紫菜头

生长周期： 二年生草本植物

起源： 原产于地中海沿岸

栽培环境： 根甜菜的适应性很强，耐寒耐热，生长适温为12～26℃。适于富含有机质、疏松、湿润、排水良好的土壤栽培。适宜pH值为6.5～7.0；肉质根膨大期应保持湿润的土壤条件。生育前期需要氮较多，中后期需要钾较多，对磷的需要较均匀。

食用价值及方法： 甜菜根是用来榨制砂糖的主要原料，因含甜菜红素，根皮及根肉均呈紫红色。具有营养和药用价值，能增强耐力。含有碘的成分，对预防甲状腺肿及防治动脉粥样硬化有一定疗效。还含有相当数量的镁元素，可软化血管和阻止形成血栓，对治疗高血压有重要作用。

3. 叶用甜菜

学名：*Beta vulgaris* L. var. *cicla* L.

别名：莙荙菜、牛皮菜、厚皮菜

生长周期：二年生草本植物

类型：按叶柄的颜色分红色、绿色、白色3种。

起源：原产于欧洲西部和南部沿海

栽培环境：叶用甜菜性喜冷凉，适应性强，耐高温、低温，耐肥，耐盐碱。其发芽适温为18～25℃，日均气温14～16℃时生长较好。低温、长日照促进花芽分化。土壤的pH值以中性或弱碱性为好。

食用价值及方法：叶用甜菜含有丰富的维生素C、维生素B_1、维生素B_2及铁、锶、锌、硒等元素。性凉味甘，能清热解毒、行淤止血。可补中下气，理脾气，去头风，利五脏。可以煎炒、凉拌、腌制食用，常用于冰激凌、凝态优酪乳、干混食品及糖果等食品中。

4. 地肤

学名： *Kochia scoparia*（L.）Schrad.

别名： 地麦、落帚、扫帚苗、扫帚菜、孔雀松

生长周期： 一年生草本植物

起源： 原产于欧洲及亚洲中部和南部地区

栽培环境： 地肤适应性较强，喜温、喜光、耐干旱，不耐寒，对土壤要求不严格，较耐碱性土壤。肥沃、疏松、含腐殖质多的壤土利于地肤旺盛生长，适宜发芽温度为10～20℃。

食用价值及方法： 嫩茎叶可供食用，是一种含高胡萝卜素和高钾、铜的半野生蔬菜，一般沸水焯后炒食、凉拌或做馅。地肤炒肉丝色泽鲜艳，味鲜爽口，可制糕点。地肤子主治利小便、清湿热、淋病、带下、疝气、风疹、疮毒、疥癣。

5. 灰菜

学名： *Chenopodium glaucum* L.

别名： 盐灰菜、灰灰菜

生长周期： 一年生草本植物

栽培环境： 灰菜是一种生命力强旺的植物，田间、地头、坡上、沟涧均可生长。

食用价值及方法： 灰菜性凉，味甘、苦。具有祛湿、解毒的功效。能够预防贫血，促进儿童生长发育，对中老年缺钙者也有一定保健功能。全草含有挥发油、藜碱等特有物质，可入药，能止泻痢，止痒，可治痢疾腹泻。灰菜是一种老少皆宜的保健蔬菜，可炒食、做馅、焯水后凉拌。需注意灰菜是一种含有嘌呤类物质的光感性植物，多食后加之长时间日晒，可引起急性光毒性炎症，出现皮肤红肿、周身刺痛、刺痒等症状。

（八）番杏科

1. 番杏

学名：*Tetragonia tetragonioides*（Pall.）Kuntze

别名：法国菠菜、新西兰菠菜、洋菠菜、夏菠菜

生长周期：多年生半蔓性草本植物

起源：原产于澳大利亚、东南亚及智利等地

栽培环境：番杏喜温暖，耐炎热，抗干旱，适各种土壤栽培。适应性强，耐低温，但地上部分不耐霜冻，生长发育适宜温度为20～25℃。对光照条件要求不严格，在强光、弱光下均生长良好。

食用价值及方法：番杏具有较强的抗逆能力，易栽培，极少发生病虫害，含丰富的铁、钙、维生素，其嫩茎尖和嫩叶可食用，具有清热解毒、祛风消肿、凉血利尿等功效，性味甘、微辛。可炒食、凉拌或做汤。

2. 冰菜

学名：*Mesembryanthemum crystallinum* L.

别名：水晶冰菜、冰草、冰柱子、冰叶日中花

生长周期：一年生或二年生草本植物

起源：原产于非洲南部纳米比亚等地

栽培环境：冰菜耐旱及盐碱，喜日光，生长适温为15～25℃，适宜在排水条件良好的环境下生长，水分控制应把握“见干即浇，浇则浇透”。

食用价值及方法：冰菜含有多种氨基酸、黄酮类化合物等，是一种高营养价值的蔬菜。其叶背面覆有一层形似“冰晶”的泡状细胞，富含天然植物盐，对高血压、糖尿病、高血脂患者有好处；因其富含多种氨基酸，可减缓脑细胞的老化，强化脑细胞功能。可生食或炒食。

3. 露花

学名： *Mesembryanthemum cordifolium* L. f.

别名： 心叶日中花、花蔓草、牡丹吊兰、露草。常被误称为穿心莲。

生长周期： 多年生常绿草本植物

起源： 原产于南部非洲

栽培环境： 露花喜温暖、干燥的环境，耐半阴和干旱，不耐涝，有一定的耐寒能力。生长温度15～25℃。喜柔和的光照，忌强光直射、高温、多湿。

食用价值及方法： 露花的叶子内含有对人体有益的叶黄素，对人体内器官具有保健作用，同时可缓解眼疲劳。主要食用其嫩茎叶，味道清爽可口，一般与杏仁凉拌配伍，还可于沸水焯后加入调料拌匀食用，也可炒食、做汤、做馅、作涮菜料等。

（九）旋花科

1. 蕹菜

学名： *Ipomoea aquatica* Forsk

别名： 空心菜、通菜、蓊菜、藤藤菜、竹叶菜

生长周期： 一年生草本植物

类型： 按生长环境分为水蕹菜和旱蕹菜，按花色分为白花种和紫花种

起源： 原产于中国

栽培环境： 蕹菜性喜温暖、湿润气候，耐炎热、不耐霜冻，是一类水陆两栖性植物。对土壤的适应性强，以富含有机质的土壤为宜；种子在15℃左右开始发芽，生长适温为20～35℃；属短日照作物，光照要充足。

食用价值及方法：蕹菜是碱性食物，含有钾、氯等调节水液平衡的元素，食后可降低肠道的酸度，预防肠道内的菌群失调，对防癌有益；含叶绿素，有“绿色精灵”之称，可洁齿防龋除口臭，健美皮肤。可炒食。

2. 长寿菜

学名： *Ipomoea batatas* Lam.

别名： 叶用甘薯，俗称白薯叶、番薯叶、地瓜叶

生长周期： 多年生蔓性草本植物

类型： 按叶色分为绿色、黄色、紫色等类型

起源： 原产于热带美洲

栽培环境： 长寿菜喜温暖气候，耐高温，不耐霜，耐旱，耐碱。不择土壤，土壤肥沃便可；生长期要求充足的光照；在气温15℃以下时生长极缓慢，以气温在25～35℃时生长最好，宜于夏栽。

食用价值及方法： 长寿菜被誉为“蔬菜皇后”，营养丰富，有提高免疫力、止血、降糖、解毒、防治夜盲症，促进新陈代谢、通便利尿、升血小板、预防动脉硬化、催乳解毒等保健功能。可凉拌菜或爆炒，别有风味。

（十）苋科

苋菜

学名：*Amaranthus mangostanus* L.

别名：雁来红、老来少、三色苋、青香苋、红苋菜、千菜谷、红菜、荇菜

生长周期：一年生草本植物

类型：按叶片颜色可以分为红苋、绿苋和花苋3种类型

起源：原产于中国、印度及东南亚等地

栽培环境：苋菜喜温暖，较耐热，生长适温23～27℃，要求土壤湿润，但不耐涝，对空气湿度要求不严；属短日性蔬菜，在高温短日照条件下，易抽薹开花。

食用价值及方法：苋菜叶富含易被人体吸收的钙质，促进牙齿和骨骼的生长，维持正常的心肌活动；富含铁和维生素K，可促进凝血；富含膳食纤维，可减肥轻身，促进排毒；含有高浓度赖氨酸，可补充谷物氨基酸组成的缺陷，对促进生长发育具有良好的作用。一般炒食。

（十一）落葵科

1. 落葵

学名： *Basella rubra* L. sp.

别名： 木耳菜、紫葵、胭脂菜、藤芭菜、染绛子

生长周期： 一年生蔓性植物

类型： 按花色分为红花落葵和白花落葵2种类型

起源： 原产于亚洲热带地区

栽培环境： 落葵耐高温高湿，种子发芽适温在25℃左右，植株生长适温在25～30℃，整个生育期都需要土壤湿润；个别品种对高温短日照要求较严，多数品种对日照要求不严，生于海拔2 000米以下地区。

食用价值及方法： 落葵营养价值很高，含多种维生素和钙、铁，果汁可作无害的食品着色剂，有滑肠、利便、清热、解毒、健

脑、降低胆固醇等功效，经常食用能降压、益肝、清热凉血、防止便秘。可炒食、做汤。

2. 落葵薯

学名： *Anredera cordifolia*

别名： 川七、藤子三七、藤三七、小年药、土三七、藤七、马德拉藤、洋落葵

生长周期： 多年生宿根缠绕藤本植物

起源： 原产于巴西

栽培环境： 落葵薯喜湿润，耐旱，耐湿，对土壤的适应性较强，根系分布较浅，多分布在10厘米以内的土层；生长适温为17～25℃，对光照要求较弱，耐阴，在遮光率为45%左右的遮阴棚中生长良好。

食用价值及方法： 落葵薯营养高、口味好，含有丰富的维生素A和维生素C，具有滋补壮腰膝、活血及消肿化淤的作用；味微

苦，性温，有活血补血之功能，可用于补肾强腰，散瘀消肿。主治腰膝痹痛、病后体弱、跌打损伤、骨折。适宜运动员、风湿、伤残患者、中老年人食用，可起到很好的保健作用。

（十二）锦葵科

1. 秋葵

学名： *Abelmoschus esculentus*（L.）Moench

别名： 咖啡黄葵、黄秋葵、红秋葵、越南芝麻、羊角豆、糊麻、补肾菜

生长周期： 一年生或多年生直立草本植物

起源： 原产于非洲

栽培环境： 秋葵喜温暖，耐热力强，种子发芽和生育期适温均为25～30℃；耐旱、耐湿，开花结果期应始终保持土壤湿润；对光照条件较为敏感，要求光照时间长，光照充足；对土壤的适应性广，在黏土或沙质壤土中可正常生长，忌连作，吸肥性强，生长前期以氮肥为主，中后期需磷钾肥较多。

食用价值及方法： 秋葵营养丰富，有蔬菜王之称，叶、芽、花富含蛋白质、维生素及矿物盐。幼果中含有大量的黏滑汁液，具

有特殊的香味，其汁液中混有果胶、半乳聚糖及阿拉聚糖等，有健胃肠、滋补阴阳功效。其嫩果中黏性液体和种子可帮助增强身体耐力、消除疲劳、恢复体能的作用，素有“运动员蔬菜”之称。可炒食、做汤、腌渍、罐藏等，还可凉拌、油炸。

2. 冬寒菜

学名： *Malva crispla* L.

别名： 冬苋菜、马蹄菜、冬葵、滑菜、滑肠菜

生长周期： 二年生草本植物

起源： 原产于中国

栽培环境： 冬寒菜性喜冷凉、喜湿润气候条件，忌高温，抗寒力强，耐热力弱，不耐高温和严寒，霜期凋枯，生长适温15～20℃。对土壤要求不严，但保水保肥力强的土壤更易丰产，不宜连作。

食用价值及方法： 冬寒菜以幼苗或嫩茎叶供食，营养丰富，柔滑叶美、清香，特别富含胡萝卜素、维生素C，每100克含胡萝卜素8.98毫克，维生素C 55毫克，有助于增强人体免疫功能。性味甘寒，具有清热、舒水、滑肠的功效。做汤或炒食。

（十三）蓼科

酸模

学名： *Rumex acetosa* L.

别名： 野菠菜、山大黄、当药、山羊蹄、酸母、酸不溜、南连

生长周期： 多年生草本植物

起源： 原产于中国及朝鲜、韩国、日本

栽培环境： 酸模适应性强，喜阳光，但又较耐阴，较耐寒，土壤酸度适中。

食用价值及方法： 酸模含有丰富的维生素A、维生素C及草酸，草酸导致此植物尝起来有酸溜口感，常被作为料理调味用。具有泄热通便、利尿、凉血止血、解毒之功效。常用于治疗便秘、小便不利、内痔出血、疮疡、丹毒、疥癣、湿疹、烫伤。直接食用其嫩叶或作蔬菜食用。果实为利尿药，主治水肿和疮毒；用鲜茎叶混食盐后捣汁，治霍乱和日射病有效；外用可敷治疮肿和蛇毒；全草可制土农药；种子含淀粉。

（十四）报春花科

珍珠菜

学名： *Lysimachia clethroides* Duby.

别名： 白花蒿、白苞蒿、明日叶、狼尾花、珍珠花菜、田螺菜

生长周期： 多年生草本植物

起源： 中国的特有植物，原产于我国广东省潮汕地区和台湾省的北部地区

栽培环境： 珍珠菜喜温暖，对温度要求不严格，35～38℃高温仍生长良好。对土壤适应性较强，但以疏松肥沃、灌溉良好的壤土栽培为宜。

食用价值及方法： 珍珠菜营养丰富，钾含量高，并含有类黄酮化合物等。其性辛、微苦，清热化湿，消肿止痛，用于治疗盗汗、感冒发热、风湿关节痛、湿疹、口腔破溃、脚癣、疝气。是潮州菜式中的必需品之一，用之做鸡蛋花汤、拌凉拌菜等。

（十五）唇形科

1. 紫苏

学名： *Perilla frutescens*（L.）Britt.

别名： 桂荏、白苏、赤苏、红苏、黑苏、白紫苏

生长周期： 一年生草本植物

起源： 原产于亚洲东部

栽培环境： 紫苏适应性很强，对土壤要求不严。在排水良好，沙质壤土、壤土、黏壤土，房前屋后、沟边地边，肥沃的土壤上栽培，生长良好。

食用价值及方法： 紫苏在中国常用中药，而日本人多用于料理，尤其在吃生鱼片时，是必不可少的陪伴物，主要用于药用、油用、香料、食用等方面，嫩叶可生食、做汤，茎叶可淹渍。紫苏叶也叫苏叶，有解表散寒、行气和胃的功能，主治风寒感冒、咳嗽、胸腹胀满，恶心呕吐等症。种子也称苏子，有镇咳平喘、祛痰的功能。紫苏全草可蒸馏紫苏油，种子出的油也称苏子油，长期食用苏子油对治疗冠心病及高血脂有明显疗效。

2. 罗勒

学名： *Ocimum basilicum* L.

别名： 九层塔、毛罗勒、金不换、圣约瑟夫草、甜罗勒、兰香

生长周期： 一年生草本植物

类型： 罗勒品种繁多，如斑叶罗勒、丁香罗勒、捷克罗勒、德国甜罗勒等

起源： 原产于非洲、美洲及亚洲热带地区

栽培环境： 罗勒喜温暖湿润气候，需要充足的光照，发芽的温度范围为15～25℃，不耐寒，耐干旱，不耐涝，以排水良好、肥沃的沙质壤土或腐殖质壤土为佳。

食用价值及方法： 罗勒含有挥发油，对神经系统有很强的刺激作用；有疏风行气，化湿消食、活血、解毒之功能。用于外感头痛、跌打损伤、蛇虫咬伤、皮肤湿疮、瘾疹痛痒等症的治疗。嫩叶可食，可泡茶饮，可做西餐配料，与番茄搭配可做菜、熬汤或做酱，风味非常独特。

3. 薄荷

学名： *Mentha haplocalyx* Briq.

别名： 野薄荷、夜息香、银丹草

生长周期： 多年生草本植物

类型： 根据薄荷茎秆颜色及叶子形状不同可分为紫茎紫脉和青茎2种类型

起源： 原产于地中海一带

栽培环境： 薄荷喜温、耐热，不耐寒，对环境条件适应能力较强，生长适宜温度为20～30℃；为长日照作物，较耐阴。对土壤的要求不十分严格，以沙质壤土、冲积土为好，pH值为6～7.5为宜。

食用价值及方法：薄荷具有医用和食用双重功能，幼嫩茎尖可作菜食，全草可入药，治感冒发热喉痛、头痛、肌肉疼痛等症；含有薄荷醇，可缓解腹痛，具有防腐杀菌、利尿、健胃和助消化等功效。薄荷既可作调味剂，可作香料，还可配酒、冲茶等。

4. 甘露子

学名： *Stachys sieboldii*

别名： 草石蚕、甘露儿、螺蛳菜、宝塔菜、地蚕

生长周期： 多年生草本植物

起源： 原产于中国北部

栽培环境： 甘露子性喜温暖，忌高温潮湿，生育适温15～25℃。栽培土质以肥沃之沙质土壤为佳，排水需良好，积水易腐烂。

食用价值及方法： 甘露子以地下块茎为食用器官，含有多种矿物质、维生素和胆碱等，营养价值高。口味甘甜鲜美、形态美观、质地脆嫩，是制作泡菜的好原料。性平，能养阴润肺，用于肺阴不足，干咳痰少，或虚劳咳嗽。可煎汤。

5. 藿香

学名：*Agastache rugosa*（Fisch. et Mey.）O. Ktze.

别名：合香、山茴香、土藿香、青茎薄荷

生长周期：多年生草本植物

起源：原产于中国

栽培环境：藿香喜高温、阳光充足环境，适宜生长气温19～26℃，高于35℃或低于16℃时生长缓慢或停止。喜欢生长在湿润、多雨的环境，怕干旱。根比较耐寒，在北方能越冬，次年返青长出藿香。对土壤要求不严，一般土壤均可生长，但以土层深厚肥沃而疏松的沙质壤土或壤土为佳。

食用价值及方法：藿香的食用部位一般为嫩茎叶，其嫩茎叶为野味之佳品。富含钙、胡萝卜素等，含有多种挥发油，具有健脾益气的功效，是一种既是食品又是药品的烹饪原料。可凉拌、炒食、炸食，也可做粥。

6. 鼠尾草

别名： *Salvia officinalis* L.

别名： 洋苏草、普通鼠尾草、庭院鼠尾草等

生长周期： 属多年生草本植物

起源： 原产于欧洲南部与地中海沿岸地区

栽培环境： 鼠尾草喜温暖、光照充足、通风良好的环境。生长适温15～22℃。耐旱，但不耐涝。生于山坡、路旁、阴蔽草丛，水边及林荫下，海拔220～1 100米。不择土壤，喜石灰质丰富的土壤，宜排水良好、土质疏松的中性或微碱性土壤。

食用价值及方法： 鼠尾草叶片具有杀菌灭菌抗毒解毒、驱瘟除疫功效，可凉拌食用；茎叶和花可泡茶饮用，可清净体内油脂，帮助循环，养颜美容。干燥后的气味浓厚，可用作佐料，一般用于煮汤类或味道浓烈的肉类食物时，加入少许可缓和味道。含雌激素，孕妇应避免食用。

7. 牛至

学名： *Origanum vulgare* L.

别名： 奥勒冈草、俄力冈叶、披萨草、蘑菇草

生长周期： 多年生草本植物

起源： 原产于地中海沿岸、北非及西亚

栽培环境： 牛至喜温暖湿润气候，适应性较强。以向阳、土层深厚、疏松肥沃、排水良好的沙质壤土栽培为宜。对土壤要求不严格，一般土壤都可以栽培，但碱土、沙土不宜栽培。

食用价值及方法： 牛至味辛，微苦，性凉。全草入药，其散寒发表功用，可预防流感，治中暑、感冒、头痛身重、腹痛，可提芳香油，鲜茎叶含油0.07%～0.2%，供调配香精外，亦用作酒曲配料。意大利披萨中常用牛至调味。

（十六）马齿苋科

1. 绿兰菜

学名： *Talinum paniculatum*（Jacq.）Gaertn.

别名： 土人参、土高丽参、土洋参、菲菠菜、玉参、飞来参、假洋参

生长周期： 多年生草本植物

起源： 原产于热带美洲中部

栽培环境： 绿兰菜喜温和或冷凉气候，适宜生长温度为25～32℃；喜光，适应性强，根系发达，以排水良好、富含腐殖质的中性或微酸性沙质壤土为佳，pH值以4.5～5.8为好。

食用价值及方法： 绿兰菜富含蛋白质、脂肪、钙、维生素等，可作药膳两用，具有通乳汁、消肿痛、补中益气、润肺生津等功效。嫩茎叶品质脆嫩、爽滑可口，可炒食或做汤。肉质根可凉拌，宜与肉类炖汤。

2. 马齿苋

学名： *Portulaca oleracea* L.

别名： 马苋、五行草、长命菜、瓜子菜、麻绳菜、马齿菜、蚂蚱菜、东洋参、珊瑚花

生长周期： 一年生肉质草本植物

栽培环境： 马齿苋性喜高湿，耐旱、耐涝，具向阳性，最适宜生长温度为20～30℃。适宜在各种田地和坡地栽培，以中性和弱酸性土壤较好。

食用价值及方法： 马齿苋含有丰富的二羟乙胺、苹果酸、钙、磷、铁以及维生素、胡萝卜素等，含有ω-3脂肪酸等特殊成分，能抑制人体对胆固酸的吸收，降低血液胆固醇浓度，改善血管壁弹性，对防治心血管疾病很有利。全草供药用，有清热利湿、解毒消肿、消炎、止渴、利尿作用，种子可明目。凉拌、烹食均可。

（十七）仙人掌

1. 仙人掌

学名： *Opuntia dillenii*（Ker-Gawl.）Haw. Suppl.

别名： 仙巴掌、观音掌、霸王、火掌、仙桃、刺梨、印地安无花果

生长周期： 多年生丛生肉质灌木

起源： 原产墨西哥东海岸、美国南部及东南部沿海地区、西印度群岛

栽培环境： 仙人掌喜阳光、温暖，生长适温为20～30℃，浇水要掌握“不干不浇，不可过湿”的原则。耐旱，适于pH值为7.0～7.5的土壤。家庭栽培仙人掌应选择放在有阳光的窗台上，并选沙质弱碱性土壤为宜。

食用价值及方法： 食用仙人掌含有大量的维生素和矿物质，具有降血糖、降血脂、降血压的功效，嫩茎可以当作蔬菜，果实则是一种口感清甜的水果，老茎可加工，具有除血脂、降胆固醇等作用。是已知的维生素B_2和可溶性纤维含量最高的蔬菜之一。可凉拌、煮汤、做馅、酿酒（龙舌兰酒）。

2. 霸王花

学名： *Hylocereus undatus*

别名： 剑花、霸王鞭、量天尺、风雨花

生长周期： 多年生攀援植物

起源： 原产于墨西哥、南美热带雨林

栽培环境： 霸王花为攀援植物，利用气根附着于树干、墙垣或其他物体上。喜温暖湿润气候，宜半阴，生长适温25～35℃。喜含腐殖质较多的肥沃壤土。一般在“月上柳梢头，人约黄昏后”的时候开放，被称为“假昙花”。

食用价值及方法： 霸王花的营养价值很高，性味甘、微寒，具有丰富的营养价值和药用价值，对治疗脑动脉硬化、肺结核、支气管炎、颈淋巴结核、腮腺炎、心血管疾病有明显疗效，它具有清热润肺、除痰止咳、滋补养颜之功能，是极佳的清补汤料。

（十八）车前

车前

学名： *Plantago asiatica* L.

别名： 车轱辘菜、车前草、车轮草、猪肚草、牛耳朵草

生长周期： 二年生或多年生草本植物

类型： 分为大车前和平车前2种类型

栽培环境： 车前适应性强，耐寒、耐旱，对土壤要求不严，20～24℃范围内茎叶生长良好，气温超过32℃则会出现生长缓慢，逐渐枯萎直至整株死亡，土壤以微酸性的沙质壤土较好。

食用价值及方法： 车前味甘，性寒，具有祛痰、镇咳、平喘等作用；是利水渗湿中药，主治小便不利、淋浊带下、水肿胀满、

暑湿泻痢、目赤障翳、痰热咳喘。幼苗可食用，焯水后，凉拌、蘸酱、炒食、做馅、做汤或蒸食。

（十九）楝科

香椿

学名： *Toona sinensis* Roem.

别名： 香椿芽、香桩头、大红椿树

生长周期： 多年生乔木

类型： 根据香椿芽的颜色分为绿椿（菜椿）、红油椿、黑油椿

起源： 原产于中国，分布于长江南北的广泛地区

栽培环境： 香椿喜温，适宜在平均气温8～10℃的地区栽培，抗寒能力随苗树龄的增加而提高。喜光，较耐湿，不耐涝，适宜生长于河边、宅院周围肥沃湿润的土壤中，一般以沙壤土为好。适宜的土壤酸碱度为pH值5.5～8.0。

食用价值及方法： 香椿被称为“树上蔬菜”，是香椿树的嫩芽，含有极丰富的营养，为宴宾之名贵佳肴。含香椿素等挥发性芳

香族有机物，可健脾开胃、增加食欲；含有丰富的维生素C、胡萝卜素等，有助于增强机体免疫功能；含维生素E和性激素物质，具有抗衰老和补阳滋阴作用。可炒食如香椿炒鸡蛋、香椿竹笋，也可凉拌如香椿拌豆腐等，还可腌渍。

（二十）襄囊科

姜

学名： *Zingiber officinale* Rosc.

别名： 生姜、白姜、川姜

生长周期： 多年生宿根性草本植物

起源： 原产于东南亚的热带地区

栽培环境： 姜喜温暖湿润的气候，耐寒和抗旱能力较弱，生长最适宜温度是25～28℃，耐阴，对日照长短要求不严格。根系不发达，耐旱抗涝性能差，喜肥沃疏松的壤土或沙壤土，对钾肥需要最多，氮肥次之，磷肥最少。

食用价值及方法： 生姜含有姜油酮、姜酚等生理活性物质，蛋白质、多糖、维生素和多种微量元素，集营养、调味、保健于一

身，为药食同源的保健品，具有祛寒、祛湿、暖胃、加速血液循环等多种保健功能。生姜主治感冒风寒、呕吐、痰饮、喘咳、胀满；可作烹调配料或制成酱菜、糖姜。

（二十一）景天科

费菜

学名： *Sedum aizoon* L.

别名： 救心菜、景天三七、四季还阳、长生景天、金不换、田三七

生长周期： 多年生草本植物

类型： 根据叶形分为狭叶费菜、宽叶费菜和乳毛费菜

起源： 原产于俄罗斯、朝鲜、日本、中国

栽培环境： 费菜属阳性植物，耐寒，耐干旱瘠薄，多生长于山地林缘、灌木丛中，河岸草丛，在北方能露地越冬，对土壤无严格选择，适应性强。

食用价值及方法： 费菜营养丰富，含有景天多糖，能激活免疫细胞，提高机体免疫功能，且对正常细胞无毒害，含有黄酮类水溶性总苷，有保肝降酶作用。药用具有扩张动脉血管、兴奋心脏、解毒、降压、镇静、活血止血、安神定气等作用。一般凉拌或与其他搭配作药用。

（二十二）三白草科

蕺菜

学名：*Houttuynia cordata* Thunb.

别名：鱼腥草、折耳根、岑草、菹菜

生长周期：多年生草本植物

起源：原产于中国、日本

栽培环境：蕺菜喜温暖湿润的气候，忌干旱，对温度适应性广，生长前期要求16～20℃，地下茎成熟期要求20～25℃。喜湿耐涝，土壤pH值6～7，以肥沃的沙质壤土为佳。施肥以氮肥为主，

适当施磷钾肥。

食用价值及方法：蕺菜含挥发油（主要成分是癸酸乙醛）等多种物质，有抑制抗菌作用；含有槲皮苷等有效成分，具有抗病毒和利尿作用。味辛苦，性寒凉，归肺经。能清热解毒、消肿疗疮、利尿除湿、清热止痢、健胃消食。一般洗净切段凉拌，或煮汤，或煎炒，或做成咸菜。

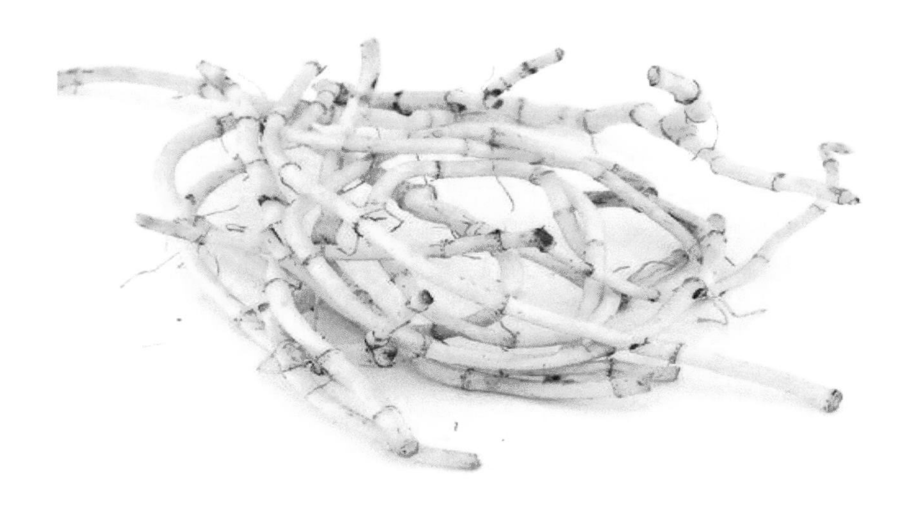

来源于网络

（二十三）泽泻科

慈姑

学名： *Sagittaria sagittifolia* L.

别名： 剪刀草、燕尾草、茨菰

生长周期： 多年生宿根性草本植物

起源： 原产于中国，亚洲、欧洲、非洲的温带和热带均有分布。

栽培环境： 慈姑适应性强，在陆地上各种水面的浅水区均能生长，但要求光照充足、气候温和、较背风的环境下生长，要求土壤疏松、肥沃的黏壤土或壤土为好。风、雨易造成叶茎折断，球茎生长受阻。

食用价值及方法： 慈姑富含淀粉、蛋白质、多种维生素、钾、磷、锌等微量元素，对人体机能有调节促进作用，具有抑菌消炎的作用。中医认为慈姑性味甘平、生津润肺、补中益气，所以慈姑不但营养价值丰富，还能够败火消炎，辅助治疗痨伤咳喘，对胰腺炎、糖尿病有辅助疗效。烹饪方法主要有炒、烧汤和红烧3种。

来源于网络

（二十四）兰科

天麻

学名： *Gastrodia elata* Bl.

别名： 赤箭、独摇芝、离母、合离草、神草、鬼督邮、木浦、明天麻

生长周期： 多年生草本植物

类型： 红天麻、乌天麻、黄天麻、绿天麻、松天麻

栽培环境： 天麻喜凉爽、湿润环境，怕冻、怕旱、怕高温，并怕积水。宜选腐殖质丰富、疏松肥沃、土壤pH值5.5～6.0，排水良好的沙质壤土栽培。天麻生于腐殖质较多而湿润的林下，需与白蘑科真菌密环菌和紫萁小菇共生，才能使种子萌芽，形成圆球茎，并长成常见的天麻块茎。紫萁小菇为种子萌发提供营养，蜜环菌为原球茎长成天麻块茎提供营养。

食用价值及方法： 天麻根状茎肥厚，无绿叶，蒴果倒卵状椭

圆形，常以块茎或种子繁殖，富含天麻素、香荚兰素、蛋白质、氨基酸、微量元素，其性辛、温、无毒。其根茎入药用以治疗头晕目眩、肢体麻木、小儿惊风等症，是名贵中药之一。

来源于网络

（二十五）莲科

莲藕

学名： *Nelumbo nucifera*

别名： 莲、莲菜、藕

生长周期： 多年生水生宿根草本植物

起源： 原产于印度，后引入中国

栽培环境： 莲藕性喜温暖湿润，避风向阳，阳光充足，不耐霜冻和干旱，生长适温23～30℃，要求土层深厚、肥沃，在松软的淤泥层和保水力强的黏土中生长。霜降后，叶、花、藕鞭逐渐死亡，多用种藕进行无性繁殖。

食用价值及方法： 藕含有淀粉、蛋白质、天门冬素、维生素C以及氧化酶成分，含糖量也很高，生吃鲜藕能清热解烦、解渴止呕；如将鲜藕压榨取汁，其功效更甚，煮熟的藕性味甘温，能健脾开胃，益血补心，故主补五脏，有消食、止渴、生津的功效。

（二十六）薯蓣科

山药

学名： *Dioscorea opposita* Thunb.

别名： 怀山药、淮山药、土薯、山薯、玉延、山芋

生长周期： 多年生缠绕性草质藤本植物

起源： 中国是山药的原产地之一

栽培环境： 山药性喜高温干燥，茎叶生长适温为25～28℃，块茎生长适宜的地温为20～24℃。短日照能促进块茎和零余子的形成。对土壤要求不严，以土质肥沃疏松、保水力强、土层深厚的沙质壤土最好，pH值6.0～8.0。

食用价值及方法：山药肉质洁白，含有蛋白质、维生素、淀粉、钙磷等人体必需的营养素，含黏多糖，可以刺激和调节人体的免疫系统，有抗肿瘤、抗病毒、抗衰老的作用。可煮粥、蒸食、拔丝。

（二十七）椴树科

菜用黄麻（黄麻属）

学名： *Corchorus olitorius* L.

别名： 长蒴黄麻、帝王菜、麻叶菜、埃及野麻婴

生长周期： 一年生草本植物

起源： 原产于阿拉伯半岛、埃及、苏丹、利比亚等地

栽培环境： 菜用黄麻适宜高温长日照，适应性强，其根系发达，抗旱又耐涝，抗风雨能力很强，是夏季高温和台风暴雨季节值得推广的蔬菜品种。生长快，对土壤条件要求不高，适宜农田、坡地、河边及房前屋后种植。

食用价值及方法： 菜用黄麻营养极为丰富，是一种补充人体矿质元素和维生素的营养保健蔬菜。主要食用其嫩茎叶，可做上汤、凉拌、炒、油炸等。

参考文献

中国农业百科全书总编辑委员会. 1990. 中国农业百科全书[M]. 北京：农业出版社.

中国农业科学院蔬菜花卉所. 2010. 中国蔬菜栽培学[M]. 第二版. 北京：中国农业出版社.

方智远，张武男. 2011. 中国蔬菜作物图鉴[M]. 南京：江苏科学技术出版社.

注：部分食用价值及方法来源于网络。